U0415433

梦想农场

——把大自然搬进课堂

武汉市教育局　武汉市园林和林业局　编著

中国林業出版社

编委会

策划：叶　璐　唐　闻　李晓彤

主编：王进良

审读：庞　静

绘图：潘世家

图书在版编目(CIP)数据

梦想农场：把大自然搬进课堂 / 武汉市教育局，武汉市园林和林业局编著. -- 北京：中国林业出版社，2021.12

ISBN 978-7-5219-1411-5

Ⅰ. ①梦… Ⅱ. ①武… ②武… Ⅲ. ①自然科学—中小学—教学参考资料 Ⅳ. ①G633.73

中国版本图书馆CIP数据核字(2021)第226468号

中国林业出版社·自然保护分社（国家公园分社）

策划编辑：肖　静

责任编辑：肖　静　甄美子

出版　中国林业出版社（100009　北京市西城区德内大街刘海胡同7号）

http://www.forestry.gov.cn/lycb.html　　电话：（010）83143577　83143616

发行　中国林业出版社

印刷　河北京平诚乾印刷有限公司

版次　2021年12月第1版

印次　2021年12月第1次印刷

开本　710mm×1000mm　1/16

印张　11.25

字数　200千字

定价　68.00元

序

Foreword

唤醒孩子们对自然生发的情感

——武汉市教育局局长孟晖寄语校园自然教育生态研学活动

2020年12月，武汉市自然教育生态研学活动“梦想农场”拉开帷幕：教学楼旁、操场边、天台上，幼儿园的小朋友、小学生、中学生拿着铲子、种子等，当起了快乐的“小小农夫”。

自然教育是人们在户外探索体验中树立尊重自然、保护自然观念的重要方式。一直以来，武汉市教育部门非常重视自然教育，并形成了武汉模式——“武汉三部曲”，即学而行、学而思、学而研。

“我们提倡自然教育，就是希望重组当今教育中缺失的自然版块，将孩子与自然连接起来，让自然来自然地教育孩子，让孩子自然地在自然中接受教育，让他们对环境、生命的爱与好奇在自然中得到充分发育。”走进郁郁葱葱的校园梦想农场，展望校园自然教育活动，武汉市教育局局长孟晖充满希望：在“绿色人本，面向未来”的理念引导下，将自然教育搬进课堂，让孩子们亲近自然，播种未来。

自然教育能让孩子们感受到生命的纯真与美好

人间五月，花木繁盛，阳光明媚，映着孩子们嬉闹的身影，一步一景，皆可入画成诗。

校园梦想农场活动恰逢最好的时节。多彩的大自然，也是一种语言，它形塑着孩子的气度、视野，孩子们在赏游中可以认知生命的意义。

在孟晖看来，自然展现给我们的是生命的绚烂与多彩，而自然教育则能让孩子们感受到不同生命的美好。

一只蚂蚁、一颗果实、一朵随风飘散的蒲公英，是身边常见的景物，但是对于充满好奇心的孩子来说，就是一个丰富的世界。他们通过观察、触摸，会发现蚂蚁也许在搬家，果实的味道会经历由酸到甜，蒲公英的种子会借着风飞向更远的地方落地生根……

如何才能激发孩子们的好奇心呢？如何进一步将好奇心转化为探索的欲望呢？

“爱与好奇，进而探究至于和谐共生至于终生的环保理念的形成。”孟晖说，“这些美好的情感会像一颗颗种子埋在孩子们心中，通过我们不断浇水、施肥，从而萌芽长大，变得足够强壮，成为陪伴孩子一生的力量。这种有关情感态度价值观的自然教育，是教育不可或缺的一环。”

让孩子对身边习以为常的自然重新投以好奇的目光

习近平总书记说过，让劳动赋能青少年 ，“五育并举”托起中国梦。

江城武汉，生态资源丰富、山水禀赋独特，具备开展自然教育活动的优越条件，它理应成为“五育并举”的践行者。

“我们要做的不仅是带领孩子们走进自然、身处自然，更重要的是唤醒孩子们对自然生发的情感。”

孟晖介绍，作为教育主管部门，武汉市教育局这几年一直在探索自然教育。市教育局与市园林和林业局、阿里巴巴公益基金会一起，连续几年举办了中小学生自然生态研学旅行活动，带领百万中小学生走进身边的城市公园、社区，让孩子们对身边习以为常的自然重新投以好奇的目光，感受自然与自我的关系。

自然教育的“武汉模式”就是通过特色活动、研学实践等模式，让学生走进大自然、留在大自然、爱上大自然。

武汉模式——“武汉三部曲”，即学而行、学而思、学而研。学而行，让学生走进大自然；学而思，在观察自然和记录自然的基础上，培养观鸟、自然笔记等“小博士”“小专家”；学而研，教育主管部门和学校联合武汉当地的科研院所，开展中小学自然生态课题研学，探索自然奥秘，让学生最终爱上大自然。

五年，弹指一挥间。五年，已结出累累硕果。

“我很欣喜地看到，近年来，我们一些学校在开展自然教育生态研学这方面做出了很多积极的探索和努力，成绩喜人。”孟晖说，“有的学校积极参与校园自然研学活动，表现突出；也有的学校建设了自己的校园小农场，特色明显。一批批研学实践在校园收获累累硕果，一代代小小自然爱好者在校园浸润、成长，为自然教育在校园生根萌芽、遍地开花撒播下了满满的希望，也为统筹开展自然教育事业提供了良好的条件。”

培养孩子们面对一丛野雏菊就怦然心动的情怀

一支独放不是春。

校园梦想农场活动带动中小学生深入了解自然，受到了家长和学生的广泛欢迎，接下来会否在全市复制、推广？

孟晖表示，十分希望有更多的学校踊跃参与进来，以一传十、以十传百，在巩固发展中心城区学校阵地的同时，向远城区学校拓展、向深度发展，最大限度地撬动全市范围内的学校参与其中，真正让自然教育惠及每一个孩子，让孩子的足迹踏遍每一片自然的土地，与自然建立情感联结，从而为保护自然做出行动。

对于未来的样子，武汉市教育部门早已有自己的描绘。

孟晖展望道，“武汉市自然教育从开展公园大课堂起步，不知不觉，公园大课堂已举办了五年。接下来，将开启下一个美好的五年。”

他认为，可以从以下几个方面做出努力：一是发挥政府部门、专家学者、专业机构、学校等力量和作用，引导更多社会公众参与其中，形成自然教育合力，让自然教育成为社会共识和主流；二是在学校教育中加强自然教育，一方面结合多学科整合的发展思路，将自然教育与生命教育深度结合并渗透到各学科教学中去，另一方面，带领学生走出去，引导学生认识、参与和理解最真实的自然，从而尊重自然、保护自然；三是在家校共育中将自然教育作为其重要内容，充分发挥家长的主观能动性，既能加强父母与孩子的陪伴和沟通，又能在自然中让家长和孩子共同学习成长；四是培育自然教育专业人才队伍，动员和鼓励学校教师及各类人员投身于自然教育事业，实施有效的自然教育，从而实现自然教育良性发展。这是一个持续性的工作，需要各方力量一如既往、不遗余力地长久推动。

我们缺的不是自然，是教育。在自然教育中，大自然是唯一的老师，蕴含着无穷的智慧。

作为自然教育的推动者，对于孩子们的未来，孟晖满是期待。

希望通过自然教育，培养孩子们面对一丛野雏菊就怦然心动的情怀，从这点情怀出发，爱自己、爱他人、爱所有的生命、爱我们的大自然。

我们期盼和我们的下一代、下下一代一起书写绿水青山的生态之书，让人类与自然和谐相处的故事永不落幕。

写在前面的话——

与自然谈谈心

听，禾苗拔节的声音；

看，花朵绽放的倩影。

时光正好，走进自然，亲手耕作，孩子们才能感知更美丽的世界。

2019年，由武汉市园林和林业局主办的公园大课堂自然教育活动首次开设“梦想农场”实践课程，邀请湖北大学资源环境学院副教授庞静老师、环境教育资深教师罗文领衔，带着12个亲子家庭走进沙湖公园规划设计、播种耕地。一时间，“大学老师教小学生种地”的话题火遍全网……

时隔一年，“梦想农场”从1.0版升级为2.0版，发生了以下变化：

一是，活动对象增加。从12个亲子家庭，变成了武汉13所幼儿园、中小学的老师；他们心里装的，不只有种地的梦想，还有学校里的“小农夫”，他们跟随庞静老师在“梦想农场”的基地——沙湖公园学习大半年，然后回到各自学校，开辟一片片自然生态研学试验田。

二是，实践场地拓展。1.0版仅限沙湖公园；2.0版包括沙湖公园“梦想农场”+13所学校和幼儿园。

一锄一铲中，一个神奇的自然之门打开了。

与普通种地不同，“梦想农场”是一种基于农业深度体验的自然教育生态研学活动，虽说很艰辛，但也很有意义，孩子们在玩中学、学中行、行中研。

学，从“老师开讲”开始，贯穿整个实践活动，学校的老师将在“梦想农场”课程上学到的种植知识一一传授给孩子们。

行，孩子们成为“小小能手”，躬耕于校园内的陇亩；通过“自然笔记”，他们将观察、总结的绿叶下生命的律动呈现出来。

思，是一个“学员感悟”的平台，不管是学生还是老师，以及部分参与其中的家长，在亲身体验后就会发现，哪怕梦想中的农场只有几平方米，但梦想的种子却能生根发芽、生生不息。

在这里，以农场为媒介，寻回与土地、自然的美好关系。通过劳作，让城里的孩子知道植物从哪里来，并在此过程中潜移默化地了解人和土地的关系，感受土地与自然的力量。

在这里，孩子不是为了学习种地技能，而是通过动手栽植植物，观察植物之间、植物与动物之间、植物与环境之间的关系来巩固所学的知识、领悟人与自然的关系，并在这些过程中体会生命的神奇、美好等，培育好奇心，获得滋养身心、环境友好的生活方式。

在这里，把大自然搬进课堂，让孩子们与自然谈心。

梦想农场耕作团队

01 叶 璐

教导主任
武汉市教育局基础教育处调研员

叶璐讲到，“梦想农场”是我们开展自然生态研学活动的重点项目，希望让孩子的童年有自然，让他们的天性、情感得到充分发展。我们的学校和老师不能只在三尺讲台上传授知识，还应该关注孩子们的人格与情感，这是真正在立德、树人、育良才。

02 唐 闻

教学督导
武汉市园林和林业局生态修复处处长

唐闻说，种子发芽、幼苗破土、花蕾绽放、果实成熟、落叶入土……植物向我们展示着生命的荣枯、时间的流逝、岁月的变迁。这种生长的力量，值得我们人类学习。

03 庞　静

科学导师
湖北大学资源环境学院副教授

庞静强调，课程一部分是实践，即怎么种植物、评判土壤、授粉、堆肥等；一部分是理论学习，让老师们明白什么是自然教育、为什么要做自然教育、如何设计有趣的自然教育。

在这个班，庞静对学员们的要求如同研究生参与课题，最后还要进行答辩，进来好似很容易，出去可就不轻松了！

04 师生学员

参与学校的带队老师、学生

13位老师，来自不同的学科，语文、数学、科学、地理、音乐……虽然不曾开讲劳动课堂，但来到沙湖公园“梦想农场”，他们斗志满满！

钢筋水泥环绕的都市，不能淹没孩子们拥抱大自然、寻找绿色、亲近绿色的本心。这一群小小农夫在校园的梦想农场或家中的一尺阳台上，追逐着自己的梦想。

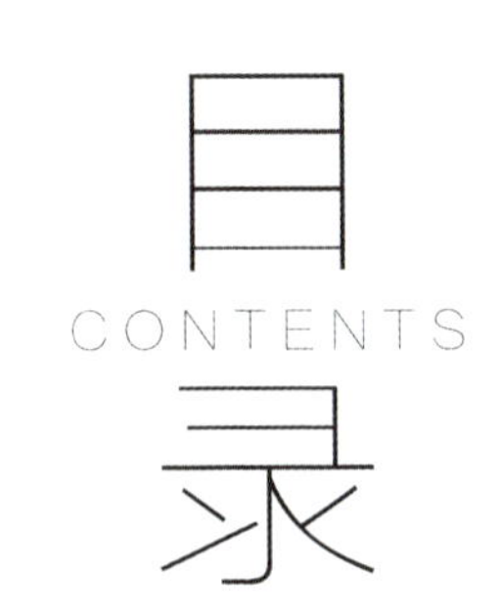

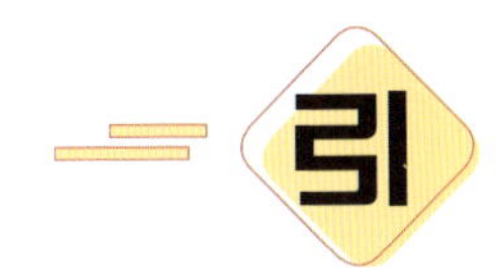

他山之石

一、国外的自然教育

1.德国：没有天花板和墙壁的教室

目前，在国外自然教育做得最为成熟的，首当其冲就是德国的森林学校了。现在，德国全境已有超过1500所森林学校。

德国卡罗镇的潘克拉芬森林幼儿园园长索斯滕·莱内克说：“即使零下28摄氏度，我们也在室外待着。孩子们从来没得过感冒。”在少数格外寒冷的日子里，孩子和老师会钻进露营帐篷或木头建的小教室，暂时躲避一下。但莱内克表示，绝大多数时间都是在户外活动。

尽管要接触火这样的“高危物品”，孩子们还是像学习其他课题一样，被置于无管束的状态。

爬树是孩子们最喜欢的活动，这里不会有通常幼儿园或者儿童活动场所设计好的爬树装置，这里的树各式各样，高的、矮的、大的、小的。孩子们爬树，老师和家长不给予任何帮助，只是帮他们下来。

在没有保护的情况下，孩子们更懂得如何保护自己。实践证明，将孩子放到可控的、有一定危险的环境中，孩子会建立起自己的“危险管理能力”，知道如何去评估风险，知道自己能否应付这种风险带来的不良后果。

2.日本：把自然体验灵活融入社会实践和特别活动

日本教育很重视社会实践，他们很早就开展了自然体验教育，把自然教育和社会问题结合起来，让孩子们在体验自然的同时关注社会。

在日本，“森林幼儿园”并不是指某一所幼儿园或某一类幼儿园，而是指一种课程或教育方式。例如，每周三是光之国幼儿园的“森林幼儿园”课程日，由胆振自然学校主持。周三上午是全体参加的“森林幼儿园”，下午2点幼儿园放学后，想继续的孩子将以课外兴趣班的形式留下来参加“森林幼儿园”课程。

在日本的幼儿园里，他们一般都会花很多时间和小朋友们解释地球的原理，设置栽培课程，教孩子们亲手栽培学期末会分给大家的蔬菜等，从而慢慢让他们培养一种意识，那就是所有的东西都是得来不易的，要好好珍惜，包括你身边的人和物，对一切都要保持一种敬畏之心。

日本每所学校都有自己的特别活动，它的内容和形式多种多样，包括仪式典礼、文化祭、集体合宿、义务劳动和促进身心健康的安全体育活动，还有接近自然和人文来增强公德心的旅行活动，等等。

除此之外，学校也会设有专门的生活教室，为学生提供大量锻炼自立、自主和责任感的机会和场所，学生可以在此练习切菜、点燃煤气灶、做饭等。

3. 美国：4H 教育，看看孩子在农场做什么

尽管美国没有“自然教育”这个定义，但他们同样很注重自然游戏与学习、重建人与自然的联结。

自然教育在美国的实践项目极为多元，目标和侧重点也不尽相同。比如，童军营、冬（夏）令营也许更侧重户外教育元素；“从农场到学校”项目、教育农场、社区农业机构则以农作物、食品教育、本地耕作作为教育切入点。而这些项目的共同之处在于，它们都致力于重建人与自然的关系；将向内的、个体的生命力，凝聚成社区的、整体的生命力。

还有一种在美国推行了一百多年的规模最大的非正式教育计划——4H 教育。“4H”就是Hand（手）、Head（脑）、Health（身体健康）、Heart（心）的简写。顾名思义，这种教育强调“手、脑、身、心”的和谐发展。4H 教育鼓励孩子们从大自然和日常生活中撷取知识、掌握技能，进而在生活中树立积极的人生观的教育哲学思想。可以说 4H 教育就是美国的自然教育。

美国有非常多的农场，都是能够作为自然学校的教学场地的。通过农场里观察自然的教学，让儿童接触更多的植物，还有动物，以及思考与生活密切相关的问题，可以使他们对于生命还有自然的理解和印象更为深刻。

通常，孩子学会把吃剩的早餐收集起来去喂猪，然后在喂养过程中观察营养物质循环。每个年级的孩子在农场中的自然教学内容不同。例如，一年级的孩子在农场做零活，喂鸡、放羊或看看动物。二年级的孩子学习农作物种植，包括丰收时亲自打谷、扬场。三年级的则动手学做饭、搭建房屋。四年级的孩子认养奶牛。五年级的孩子们侧重于地理学习，通过绘图、水彩、黏土塑形来描述农场地形。六年级的孩子则开始研究乳制品，重点在于动手，提升感知力。七年级的孩子探索外面的世界。从七年级起，学生们开始通过农场外的探险，拓宽他们已经熟悉的领域。

4. 英国：将森林教育和EYFS早教体系相结合

自然教育在20世纪90年代传入英国后得到了前所未有的发展。进入21世纪，英国政府部门发起了“到绿地中去”“从公园开始”“积极的森林运动”等活动，涌现了如“乡村青年”“自然英格兰”等民间团体。

在英国众多森林主题的学校中，孩子们学着自己生活、采集食材、协助做饭、接触小动物、堆雪玩乐。早教从业者将森林教育和英国早期教育体系EYFS中的身体发展要素相结合，从而培养开发孩子们的好奇心、想象力与独立品格。

EYFS全称为early years foundation stage，译为“早期（教育）基础阶段”，EYFS从学习与发展、学习与发展评价、安全与健康三个方面，对0～5岁早期教育机构提出了法定标准、评价要求和结果期待，对所有在教育标准局早期教育注册处注册的学校、机构强制实施。

在英国森林学校协会主席克里（Jon Cree）看来，森林学校的普及，部分是对当代考试文化的回应。而对哈伍德来说，森林教育已经融入了她两个儿子的成长之中：一个儿子成为了作家，而另一个儿子是在伦敦金融城工作的物理学者。

“在森林学校里，孩子们学习如何思考，质疑和理解别人的想法，这段经历将是商业或者工程学中更好的垫脚石。”哈伍德说道，“很明显，孩子们将会成为他们想要成为的人，而我们只是为他们在成长过程中配备最好的东西。”

5. 韩国：学校环境教育和社会环境教育相结合

自然教育在韩国称为环境教育，分为在制度内进行的“学校环境教育”和在制度外进行的“社会环境教育”两种。社会环境教育主要是由民间团体主导的环境教育。

韩国森林覆盖率达63%，由国立、地方、个人等不同层级进行管理。韩国的森林幼儿园也由此大体分为国营森林幼儿园和地方自治团体运营的民间森林幼儿园。这些自然休养林大多具备完善的体验和教育设施，如原木建造的“森林之家”、文化馆、宿营场、野生植物园、观景台、探访路、野炊区等。

同时，韩国山林厅从2008年开始在全国的休养林和树木园中运营儿童森林体验项目，所进行的森林教育就是每周或每月与地方幼儿园合作，定期对儿童开展两到三天的森林教育，由十几位具备专业生态知识的森林导师深入幼儿园指导。釜山国立大学附属幼儿园就是韩国首家对儿童进行森林生态教育的幼儿园。

虽然韩国的自然教育起步较晚，但发展飞速，制度内外的环境教育从一开始的对立到现在的互补，渐渐取得了喜人的成效。

二、国内的自然教育

1. 香港：基于郊野公园的自然教育

香港的自然教育，主要基于郊野公园和自然保护区来实施。

1976 年颁布的《郊野公园条例》奠定了香港郊野保护及郊野公园的职能，明确提出郊野公园的用途包括自然保育、教育、康乐、旅游和科研。

为了加强市民尤其是学生对郊野的认识，并把关注保育和郊野公园的志愿者团体凝聚起来，政府决定把保育概念纳入学校课程，设立郊野公园游客中心，修建郊游径以及自然教育径，为学校团体提供郊野活动计划及安排游览郊野公园等活动，并出版有关郊野公园的手册、书籍，推广郊野教育计划，让游客认识郊野的地理特色和动植物。

香港郊野公园目前共有6 个自然教育中心或游客中心，主要目标是提高公众对郊野公园自然护理的认识。中心工作内容分为3个方面：为学生提供自然教育活动以及到校的宣讲活动；为公众提供自然解说以及工作坊；为志愿者提供专业培训。

2. 东莞：沉浸式培养教师队伍

近年来，东莞一直在致力于构建一个全社会参与、多元合作型的自然教育体系，发挥家庭和校园之外的社会大课堂作用，积极利用各种教育资源，引导师生、亲子走进自然，从日常生活和身边小事做起开展环保，把生态文明的理念变成生活习惯。

目前，东莞自然教育成绩斐然，全市共创建绿色学校461所、绿色社区114个、环境教育基地40个，该教育体系也已在东莞初步形成。

此外，在自然教育东莞样本上，教师队伍搭建是东莞自然教育的一大亮点，东莞还推出了“种子教师”陪伴成长计划这样的沉浸式培养模式。目前，东莞受过专业培训的自然教育教师超过300名，他们分布在各个学校，根据各自校园资源和特色推动独具特色的绿色校园建设，成为普及自然教育的重要力量。

3. 深圳：自然学校和环境教育基地遍地开花

自然学校和环境教育基地就是为了让广大市民、学生可以从自然出发，深入自然，通过亲身实践、体验，以“寓教于乐”的教学模式带给学生们不一样的研学收获，倡导“自然做课堂，旅途见成长”的科普研学理念，使越来越多的市民参与其中。

《深圳经济特区生态环境保护条例》作为我国首个生态环境保护全链条立法在

2021年9月1日施行，里面就专门提及了生态环境宣传教育基地建设：区人民政府应当根据本市自然保护地规划，划定适当区域开展自然生态教育与体验等活动。城市污水处理、固体废物处置等环境保护基础设施应当作为生态环境宣传教育的重要场所，定期向公众开放；市、区人民政府应当加强生态环境教育基地建设，可以通过财政补贴、购买服务等方式，支持、引导学校、企业、社会组织和志愿者组织创建生态环境教育基地和自然学校；中小学校应当依照有关规定将生态环境教育纳入教学内容，开展生态环境教育实践，培养学生的生态环境保护意识。

从2014年全国首个自然学校落户深圳至今，深圳全市已经拥有自然学校17家，环境教育基地36个。这些散落在深圳这片沃土的自然学校和环境基地，宛如星星之火逐渐燎原，助力深圳打造人与自然和谐共生的美丽中国典范。

自然驿

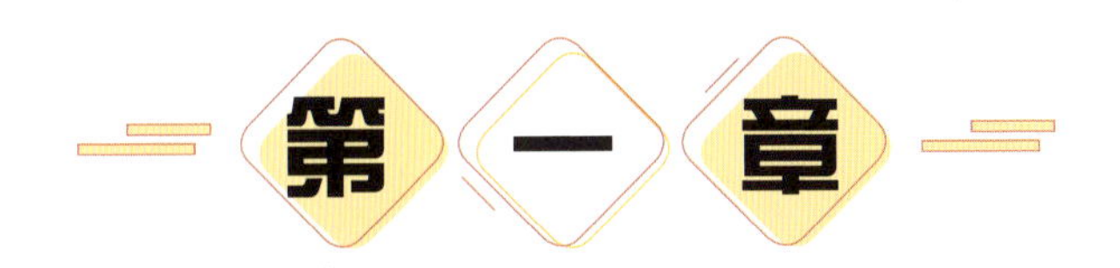

曲曲折折皆物语

——将数学与自然联系起来

数学教学与自然科学是密切相关的。

湖北大学附属小学为了更好地将自然知识融合于数学教学中，他们引导孩子在种植的同时，搜集、整理数据，制图并分析数据，让学生学好数学、用好数学，将数学与自然联系起来、与生活联系起来，真正做到从生活中来，到生活中去。

参与学生

胡煜涵　韩嘉彧　胡子杰　姜子润
闵珈琦　杨文钰彤　张恺然　刘清语　等

参与老师

徐桂凤

学校简介

湖北大学附属小学坐落于美丽的沙湖之滨，创建于1951年，具有丰厚的文化底蕴和办学经验积淀，占地总面积12530平方米，总建筑面积4045平方米。学校环境优美，教育教学设施齐全，有多功能教室、数字图书阅览室、舞蹈室、美术室、音乐室、围棋室、开心小站、陶艺室、广播室、电子书包室、机器人创客室、生态园等各类专用场室；还有标准的200米塑胶跑道，足球场、篮球场等运动场地设施齐全。

学校十分重视自然教育活动。第一，借助学校地域特色，结合沙湖公园有利的地形，对学生进行生态环境教育；第二，科普知识进校园，请院士、专家和学校学生进行互动，例如，“病毒与宿主细胞的博弈——一场永无休止的战争”“北极熊教育”气候变化科普讲座进校园“气候变化与低碳生活”等；第三，在科技教育活动上，科研做先导，学校组织的“猕猴桃怎么形成”获得武汉市课题一等奖。

课

课程“测量与植物（大蒜）生长”

设计意图

通过种养大蒜，结合种养过程中的观察记录，知道大蒜的生长需要阳光和水分；学会种养植物的方法，让生活更有趣，同时激发对身边植物的探究兴趣。

亮点

同学愿意倾听、分享他人有关植物种养的信息，尊重事实，乐于表达，讲述自己的观点；体会生命的神奇，激发学生研究生命现象的兴趣；体会资源共享的快乐，提高合作意识；树立用数据表达观点的意识。

重（难）点

了解大蒜的生长变化与阳光和水分有关；搜集大蒜生长过程中的数据，并对数据进行分析对比。

目标

让学生将数学与自然联系起来，与生活联系起来，学好数学，用好数学，将数学真正做到从生活中来，到生活中去。

老师开讲

用数学方法揭示植物生长的奥秘

为了了解大蒜生长需要哪些环境因子，激发学生探究身边植物的兴趣，湖北大学附属小学老师特设计了“测量与植物（大蒜）生长”课程。课程涵盖选种、栽培、养护、观察、测量、统计及数据分析等环节。

观察过程

1 选种：通过观察比较的方法，选出个大饱满的蒜瓣（选这样的蒜瓣是为了大蒜能长得更壮）。

2 确定土培或水培的方法，明确种植步骤。

3 根据生活经验，思考怎样做更有利于大蒜生长，将种好的大蒜放在朝阳处，适时浇水。

4 及时测量，记录大蒜生长过程中的天气变化、浇水次数和数量，以及大蒜生长的高度。

5 根据测量数据制成折线统计图，进行观察、比较、分析，了解大蒜在哪段时间里生长最快，会预估大蒜的生长状况。

注意事项

能够采用比较分类的方法，选出个大饱满的蒜瓣，并能说出挑选的理由，按照步骤种大蒜。

观察思考

如何将观察到的现象与收集到的数据进行对比，并最终形成自己的观点。

小小能手

用数学方法展示大蒜生长

2021年寒假期间，数学任课老师布置的自然探索作业——大蒜种植＋统计制图，让胡煜涵很是兴奋了一把。为此，她做了详细的安排和设计——从大蒜种子的选择到种植方法的探索，再到土壤准备，都是她一个人在想办法。

刚开始，胡煜涵采用的是无土种植方法：用吸满水的纸巾把大蒜瓣包裹起来，尖尖朝上放在碗里面，保持水分充足。没过两天，大蒜发芽了，她非常开心，每天时不时地往里面加点水。然而，可能是大蒜瓣不喜欢太多水的原因，几天后变黑、发霉，烂掉了，刚出的芽也发黄了。

看着奄奄一息的蒜芽，胡煜涵很是伤心。无奈之下，只得给它在花盆里找个地方埋下了。

不过，初战失利的胡煜涵并没有气馁，她和爸爸一起查资料，发现可能是蒜瓣种子之前受过伤，在种植过程中感染了细菌，再加上水加得过多等多种因素导致失败。

为了跟上班上其他同学的节奏，胡煜涵迅速调整方案：挑选那种胖胖的蒜瓣，找来沙湖公园“梦想农场”的土壤；小心翼翼地先挖两个小坑，把两枚蒜瓣轻轻地放了进去，慢慢地盖上土，并让蒜瓣尖尖露出来一点。

爸爸问她：”为什么每次种大蒜，总要把尖尖露出来？”胡煜涵边忙着整理土壤边神秘地说：“这样大蒜可以不用花力气就能钻出来了呀！而且我也能第一时间看到它呀！”

吸取了上次失败的教训，这次胡煜涵不敢洒太多水。在她的精心呵护下，这两瓣小生命很争气，似乎知道小主人在等它们，一个劲儿地往外钻，两天后就探出了绿绿的小脑袋。看见嫩芽后，胡煜涵立马打电话向爸爸报喜：“爸爸！爸爸！两颗大蒜发芽啦！”

接下来，爸爸帮胡煜涵在电脑上设计了一个大蒜生长记录表，让她每天把收集到的数据记录下来。白天，她用尺子测量着两颗大蒜的长势数据；晚上，将数据录入记录表。30天坚持下来，立马呈现出一条长势曲线。

胡煜涵不禁惊叹起来：“没想到，我们还能用测量、统计、制图等数学方法来记录大蒜生长的全过程，简直太棒了！”之后，她还查找资料，详细掌握了大蒜的相关结构、生长周期和规律等知识。

第一次失败了

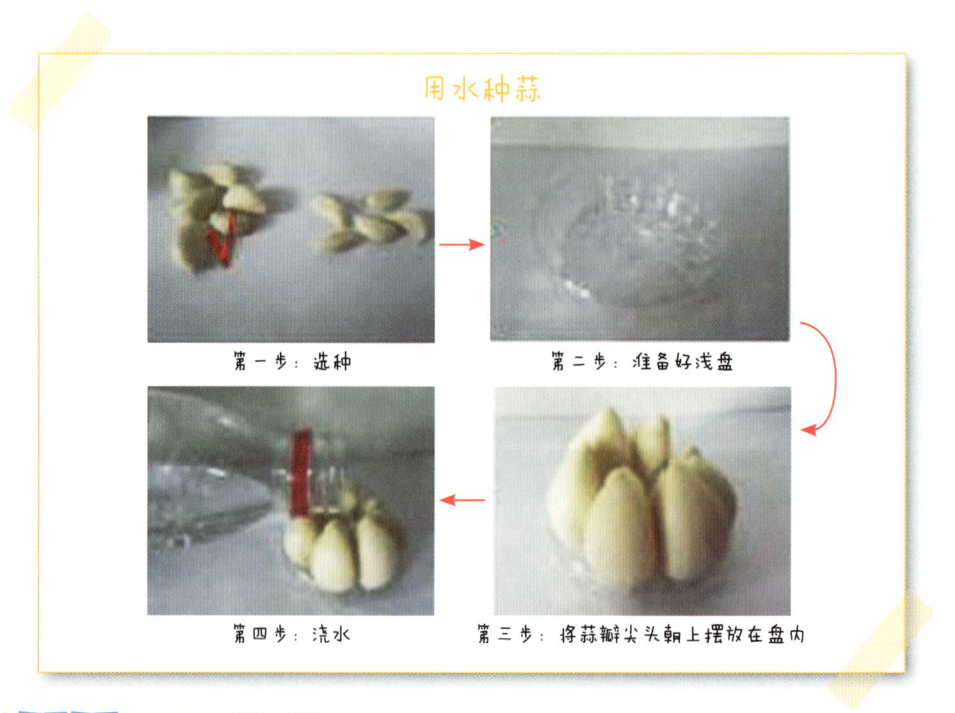

终于种植成功了

自然笔记

胡煜涵的自然笔记

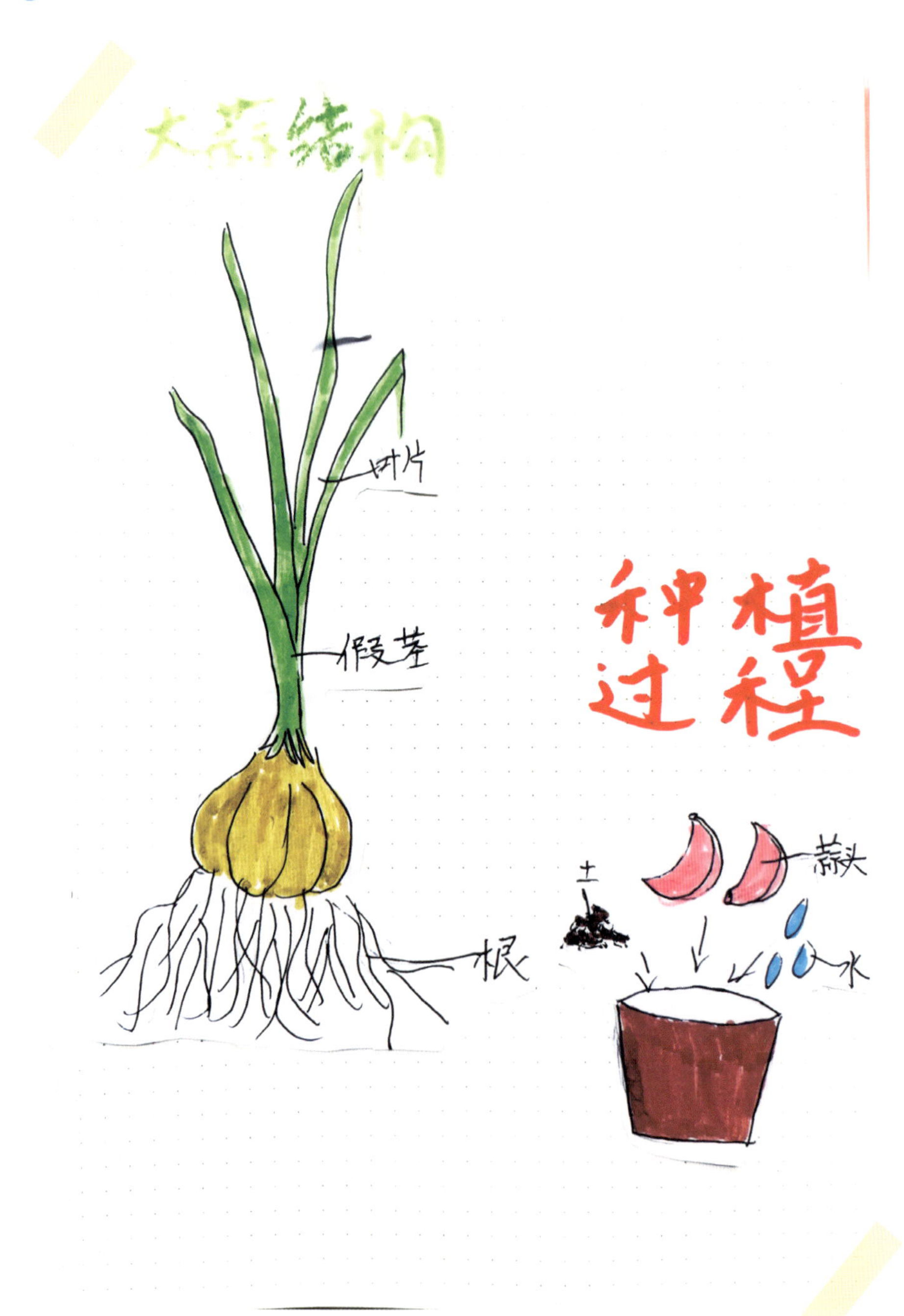

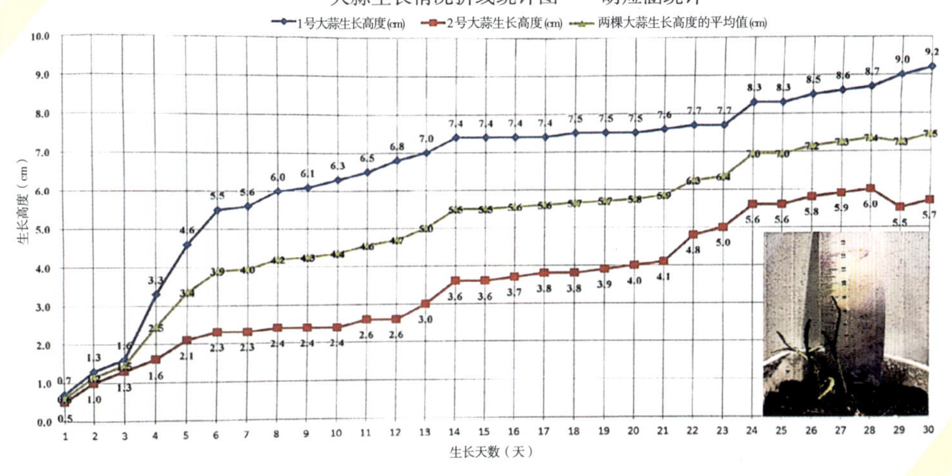
大蒜生长情况折线统计图——胡煜涵统计
1号大蒜生长高度(cm)
2号大蒜生长高度(cm)
两棵大蒜生长高度的平均值(cm)
生长高度（cm）
生长天数（天）

其他学生的自然笔记

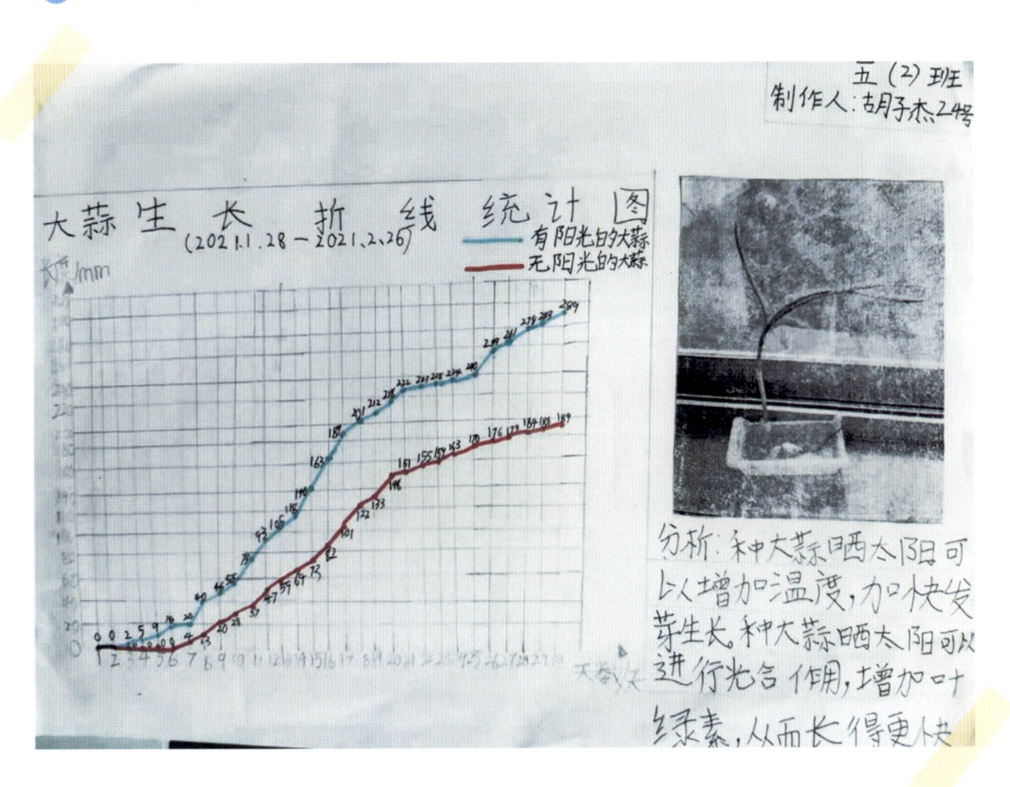
五(2)班
制作人:胡子杰24号
大蒜生长折线统计图
(2021.1.28－2021.2.26)
有阳光的大蒜
无阳光的大蒜
分析:种大蒜晒太阳可以增加温度,加快发芽生长。种大蒜晒太阳可以进行光合作用,增加叶绿素,从而长得更快

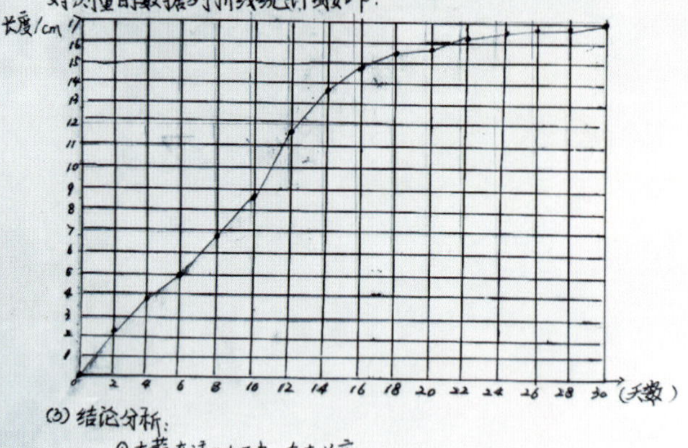
种植大蒜长度折线统计图
(1)这个假期，我在爷爷的帮助下种植了两棵大蒜，使用到的工具和材料有：
1.大蒜籽(2颗) 2.方形透明盒(1个) 3.土壤(若干) 4.小喷壶(1只) 5.尺子(1把)
(2)我对其中一棵大蒜的生长情况每二天进行一次分析测量，记录了它的长度，对测量的数据列折线统计图如下：
长度/cm
(天数)
天数(天) 长度(厘米)
0 0
2 2.3
4 3.9
6 5.0
8 6.9
10 8.9
12 11.7
14 13.8
16 14.9
18 15.5
20 15.8
22 16.2
24 16.5
26 16.7
28 16.8
30 16.9
(3)结论分析：
①大蒜在这三十天内一直在长高；
②在前16天内生长得很迅速，其中第10到12天长得最快，长了2.8cm；
③从第24天开始，它的生长变得非常缓慢，6天时间仅长了0.4cm。
五(2)班
制作人：张梓萌

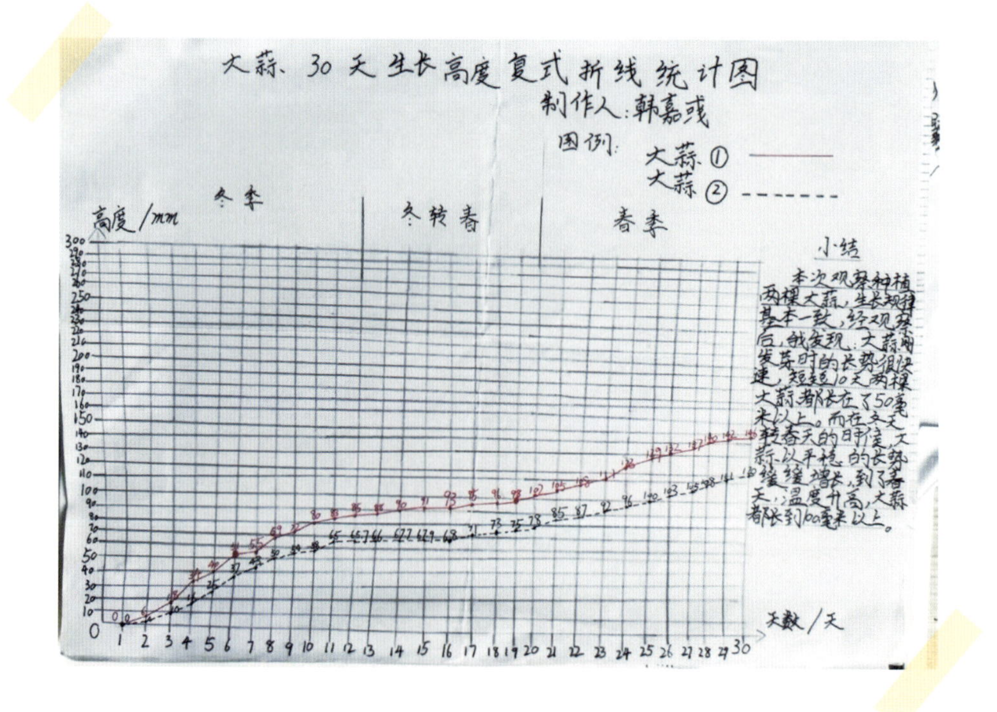
大蒜30天生长高度复式折线统计图
制作人：韩嘉彧
图例：大蒜①
大蒜②
冬季
冬转春
春季
高度/mm
天数/天
小结
本次观察种植两棵大蒜，生长规律基本一致，经观察后，我发现，大蒜刚发芽时的长势很快速，短短10天两棵大蒜都长在了50毫米以上。而在冬天转春天的时候，大蒜以平稳的长势缓缓增长，到了春天，温度升高，大蒜都长到100毫米以上。

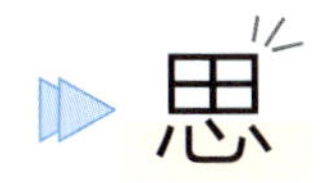

心得感悟

设法让学生将数学与自然联系起来

2020年9月，经过网上报名和线下面试，我终于成为梦想农场“自然导师课”（植物班）的一名成员。在植物班第一次活动，我们按照山林导师（湖北大学资源环境学院副教授庞静老师）的要求，根据对自然的喜爱，各自取了自己的自然名，于是就有了：鸢尾花、青皮冬瓜、风翼、含羞草、夏天、桔梗、绿萝、无花果、北极、猕猴桃、眼镜蛇、辛夷、红豆落樱、琥珀。通过山林老师设计的游戏——猜植物名，我们互相了解并认识。这个游戏让我们仿佛置身于自然中，了解着自然界中的各种植物，对自然的爱油然而生。

在沙湖公园的梦想农场里，我们学会了一个小农场该如何布局，怎样检测土壤质地、认识不同的土壤，以及如何收集雨水和堆肥、进行垃圾分类和简单处理。我们种下了大蒜、菠菜、萝卜、豌豆等，从发芽、到间苗、施肥等，它们一步步茁壮成长，我们感受着植物生长过程，劳动的汗水与丰收的喜悦交织在一起。

一次好的自然活动设计包含活动目的、实施环节、方法过程、结果评估、收获与感想几部分。劳动之余，我们会来到沙湖公园的会议室，按照山林老师要求，交流自己的活动设计。逐渐地大家都认识到作为教师自身学习的重要性，无论是教授哪一学科都可以在自己的这一学科领域里开展对学生的自然科普教育活动。在每一次活动中要三观正，活动有趣，关注我们想培养的学生是什么样的，我们自己拥有怎样的文化底蕴，我们可以怎样实现培养目标。

《义务教育数学课程标准（2011年版）》中指出：通过义务教育的数学学习，学生能体会数学知识之间、数学与其他学科之间、数学与生活之间的联系，应用数学的思维方式进行思考，增强发现和提出问题的能力、分析和解决问题的能力。

作为一名数学教师，在教学中我深深感受到数学与自然知识是紧密相连的。这一感受如何传递给学生？仅凭教师说教，不如学生实际操作。这样就有了我对五年级学生开展“用数学知识和方法展示大蒜生长的变化规律”的活动设计，希望学生在种植大蒜的过程中，通过观察、测量、统计制图，体会植物的生长过程，用数学知识折线统计图反映出来，又通过对制成的折线统计图的分析，进一步理解植物的生长过程与阳光、水分、土壤等的密切关系，用数学方法中的“筛法”揭示植物生长的奥秘，体会数学知识的运用之广、之强。

参加“自然导师课”，是想丰富和提高自己对自然的再认识，更好地将自然知识融入数学教学中，让学生将数学与自然联系起来，与生活联系起来，学好数学，用好数学，将数学真正做到从生活中来，到生活中去。虽然一年的活动即将结束，但是对自然活动的推广、延续，我会始终在路上。

——学员：徐桂凤老师

再简单的事，也要坚持和专注

放假了，儿子高高兴兴地告诉我：“徐老师布置了一个有意思的作业题——种植大蒜并进行测量，记录大蒜的生长，要连续30天。”我的第一反应是，数学老师可真会布置题目，把数学和生活结合起来了。

说话间，孩子找出大蒜，掰开，均匀地种到花盆里，浇水。看着他认真的样子，想着他能自己动手动脑，我很开心。

第一天，大蒜种上了，但孩子并没有做测量记录。叶子还没有长出来，以后再记吧，反正这个假期特别长。孩子这样想，我也这样想，就忽略了。气温不是很高，生长慢，孩子不时过来看一下，就走开了。我提醒他，要进行30天的连续记录，不要忘记。他想了想说：“我先做个表，好进行记录。”一会儿，他画了满满一张表格，上面有刻度、有时间，刚好30天。因为以前学过做自然笔记，所以，他决定这次用图表、文字和绘画来记录和描述。

我认可他的想法。但从我对他的了解，做好了准备活动并不代表着能静心、耐心地完成任务。30天的观察，其实还蛮考验人的。果然，那张表空躺了一段时间，直到大蒜都长出芽，他的精神头才又来了。

由于气温逐渐回升，大蒜叶子长了出来，孩子的记录频次就多了，基本上能连续。但仍有各种原因导致没有坚持做到连续30天。完不成老师布置的任务怎么办？最终我们商量的结果是，尽管很窘，但还是记了多少天就画多少天，实事求是。

也许，大蒜测量中关键的节点很重要，但持续记录30天才是最难完成的。科学，哪怕貌似简单的一件小事，也需要有正确的开始，需要保持热情，更需要坚持和专注。这，才是老师通过一个个小小的自然观察，让孩子和家长明白醒悟的一个道理吧！

——学生韩嘉彧的爸爸

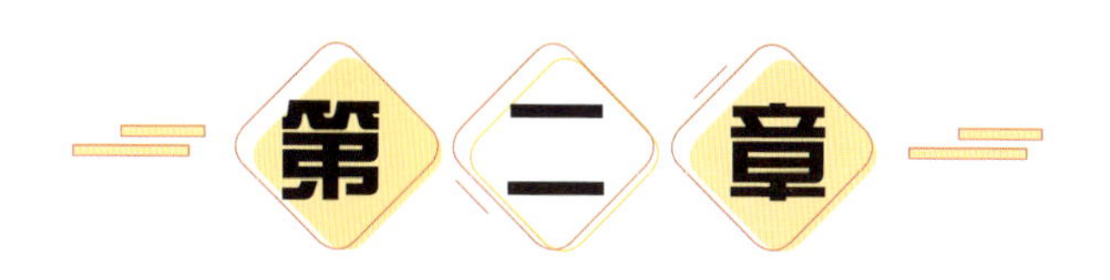

满园春色关不住

——探寻古诗词中的自然科学

“青青园中葵，朝露待日晞。阳春布德泽，万物生光辉。”

汉乐府诗《长歌行》脍炙人口，通过对自然现象的观察和总结，教育了一代又一代人。

自然教育离不开文化的滋润和支撑。古诗词作为人类精神文化遗产，也是很好的自然教育素材或切入点。鄱阳街小学尝试将自然教育与文化结合，是一个有效且有趣的教学策略。

02

参与学生

陈悦浠　何芷萱　康津玮　蒋奕文　张乐颜
吴胤萱　王丽莎　李乐辰　刘子祺　王俊宇
吴宸铭　李承泽　李嘉轩　李梓睿　等

参与老师

陈　茜　　袁　冰

学校简介

江岸区鄱阳街小学坐落在汉口老城区，创办于1927年，与著名的“八七会议”会址毗邻。

在“我爱校前一条街”主题课程引领下，学校开展系列综合实践拓展课程，引领学生在“四色”研学旅行活动（红色、古色、绿色和金色）中追寻红色记忆、寻访古色文化、亲近绿色生态和探索金色科技，培养具有责任担当、创新精神和家国情怀的阳光少年。

学校克服校园场地限制，开展以试点中队为引领的自然研学活动，借助区域资源、家长资源，给予试点中队充分的便利，定期每月一次带领队员们走出教室、来到户外开展自然活动。自2018年以来，试点中队多次开展自然生态相关主题研学活动：坚持在解放公园“百草园”开展自然笔记研学；在汉口江滩开展“二十四节气自然研学”，观测本市的物候特征，增进对自然的了解……自成为2020年“梦想农场”拓展活动校以来，结合建设农场相关的学习，开展了“我的梦想农场设计”“农场规划日照条件观测”“家庭绿植种植及观察”等自然实践活动，提升了同学们发现问题、探究问题、解决问题的能力，更重要的是激发了孩子们探索自然奥秘的兴趣。

课

课程“春天花儿知多少”

设计意图

自然教育离不开文化的滋润和支撑，古诗词作为人类精神文化遗产，也是很好的自然教育素材或切入点。

亮点

将自然教育与文化结合起来，通过有趣的课程，让孩子们感觉到大自然的神奇——大自然是那样充满了奥秘，可又那么生活化，它就在我们身边。如同一个宝藏，又如同一个好朋友！

重（难）点

让孩子们在观察花朵时，联想到相对应的古诗词，进而感受到古诗词中的文化韵味和自然科学。

目标

通过潜移默化的方式，让自然文化在孩子们的心中扎根，让中国的古典文化经常出现在孩子们的作文中。

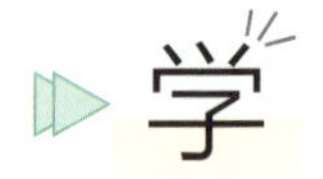

老师开讲

个性种植区，耕作向往的生活

一个校园小农场，就是一个自然教育的园地。

如何才能调动孩子们的积极性，让他们获得“向往的生活”呢？为此，学校从“梦想农场”吸取经验，然后运用在校园小农场的规划及建设中。比如，从山林老师“农场建设条件”一课中学到的对日照的分析，让我们知道如何利用日照促进植物的生长；又如，根据“有机堆肥”一课里厨余垃圾的利用，给全校师生上了一节环保课，等等；还有山林老师传递的“站在孩子的角度思考”“认识真实的自然”“回归自然”的理念，也给我们带来了很大启发。

环境影响人，营造美好的校园环境是育人的有效途径。

对孩子进行自然教育能激发他们的兴趣，能发展他们的能力，能让孩子们保持热情、葆有乐趣，能使他们获得满足感、治愈心灵。

在建设好小农场的同时，学校还设计和推进相应的自然教育活动：整合共建单位的资源，给孩子们讲授本草中药材的相关课程，并在“本草区”开展种植活动；根据孩子们的诉求，分组在“个性种植区”开展相关活动；进一步丰富学校在前期对二十四节气植物的认知；同时也教给孩子们一些基本的劳动技能，引导孩子们科学地认知自然，体会劳动的乐趣。

行

小小能手

细心观察，惊喜就在身边

“春天到了，马路边的花儿争先恐后地开放了。你不让我，我不让你，开得一个比一个灿烂，可是为什么一路上的花看起来都一模一样呢？我一直思考着这个问题。”这是鄱阳街小学汤雨萱同学心中藏了很久的疑问。

于是，学校里的每一节自然教育课，她总是听得格外认真，课后也经常在校园里观察各种各样的花，看看它们的异同，就连到公园去玩也总惦记着这件事儿。

后来，汤雨萱终于在一节自然教育课上找到了答案：并不是所有的花都是同一种，只不过是长得像而已，老师还教给了他们辨别的方法。比如，垂丝海棠和樱花十分相像，不仔细看还真的很难分辨出来。通过学习与观察，她知道了垂丝海棠通常有四根花柱，而樱花只有一根。再仔细观察，她还发现樱花的花瓣会有一个小缺口，而垂丝海棠的花瓣却十分圆润，没有缺口，很饱满。“通过有趣的课程，我感觉到了大自然的神奇——大自然是那样充满了奥秘，可又那么生活化，它就在我们身边，如同一个宝藏，又如同一个好朋友！我明白了只要细心观察，乐于发现，就会得到意想不到的惊喜！”汤雨萱说。

喜欢自然教育课的，远不止汤雨萱一个。王俊宇和李承泽同学说，他们原来总以为“春色满园关不住，一枝红杏出墙来”中所说的“红杏”指的是杏花，是红色的，通过学习才知道，诗中所写的“红杏”的“红”并不是指花的颜色，而是指杏花的花萼和花托部分，即花下面的花萼和花托是红色的。

经过老师的讲解，学生们还通过学习古诗词的方式，学到了辨别几种花的不同。例如，宋代石延年的《红梅》一诗中“认桃无绿叶，辨杏有青枝。”这句诗就说明了梅花与桃花、杏花的不同：与桃花相比，梅花开花时不长绿叶；与杏花相比，梅花开花时枝条是青色的，而杏花的枝条是棕色的或褐色的。此外，学生们还学到了通过观察植物的花瓣、花药、花柱等方法来辨认不同的植物。

“大自然给我们带来了许多礼物，作为新一代少年，我们更要去保护、爱护它们。这，就是我们对大自然最好的馈赠。”“我今天分享的知识点，不过是大自然中的九牛一毛，希望大家以后更加愿意去探究大自然，对它抱有更深的期待。”“大自然可真是鬼斧神工，让我们一起去探索大自然吧！”这样的话语经常出现在孩子们的作文中，也许，这就是自然教育在他们心中栽下的小小种子吧。

自然笔记

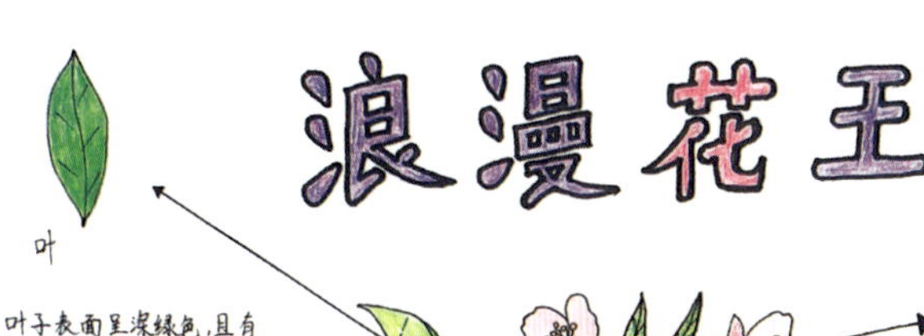

叶子表面呈深绿色，且有光泽，形状是椭圆形，摸起来较粗糙，闻起来无味，叶子上有不对称的纹路。

花

花色为粉红色，每朵花花瓣有5片，每个花枝可开3~5朵花。分单瓣和复瓣两种，花呈伞状，花瓣顶端有缺口，花的直径约为1.5~2.5 cm，花瓣上有许多细小的纹路，摸起来十分光滑，闻起来有一股淡淡的清香。

无题

唐 李商隐

樱花烂漫几多时？
柳绿桃红两未知。
劝君莫问芳菲节，
故园风雨正凄其。

茎

茎是由深褐色和浅绿色组成，长约1.5 cm，摸起来较光滑，有褐色的小点。

花苞

樱花的花苞，是浅粉色的，长约0.8 cm，宽约0.6 cm。摸起来很光滑，闻起来有一股淡淡的清香。

时间：2021年3月21日
天气：晴
地点：汉口江滩
观察人：刘子祺

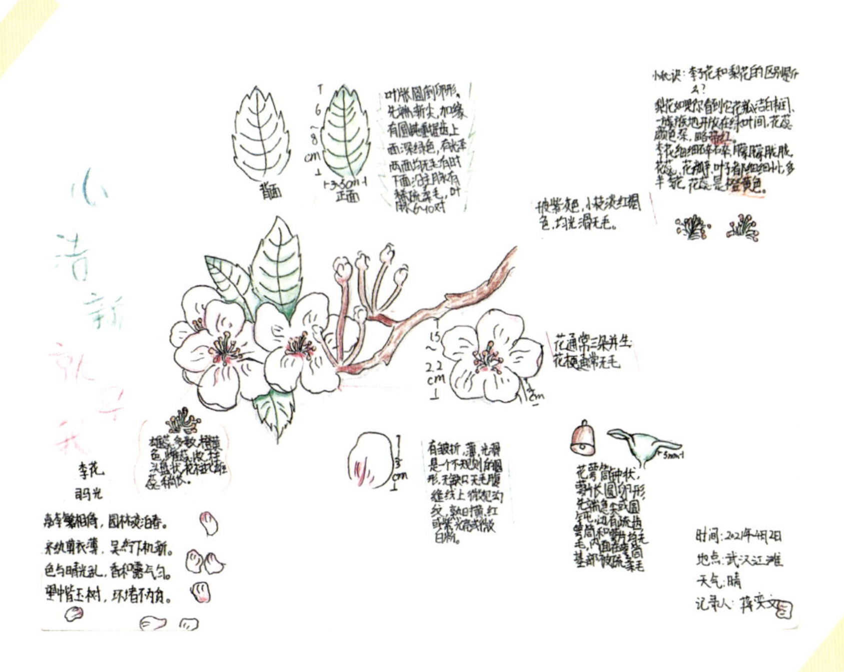

纯洁之花
——梨花

绿叶

绿叶衬托出白花，梨叶是互生的，边缘有小锯齿，摸起来十分扎手，颜色为红或绿色。

花瓣

梨花有5片花瓣，每片花瓣较小，约0.5cm～1cm左右，颜色大多为纯白或乳白色，摸上去十分柔软，闻起来有一股淡淡的清香。

花药

梨花花药为深红或深紫色，这与春天开的其他花不一样，花药长约0.5cm～0.3cm，在花粉成熟后，花药会裂开使花粉散出。

花语

①纯洁可爱
②永不分离
③悲伤

花柱

梨花有2～5根花柱，花柱一般为黄色，长约0.5cm，可以用来传播花粉，属于雌蕊部分。

梨花

宋·黄庭坚

巧解逢人笑，
还能乱蝶飞。
清风时入户，
几片落新衣。

整体

梨花为伞形总状花序，直径约2cm～2.5cm，一簇簇开在一起，闻起来会有一些淡淡的清香，十分好闻。

记录人：何正萱
地点：武汉江汉堆
时间：2021年4月2日
天气：晴

桃花仙女

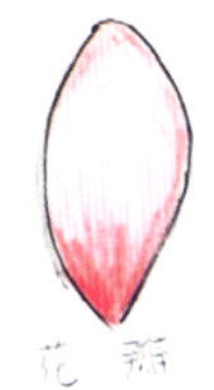

花瓣

花瓣从浅至深粉或粉红，有时为白色。

花萼

萼片5个合生

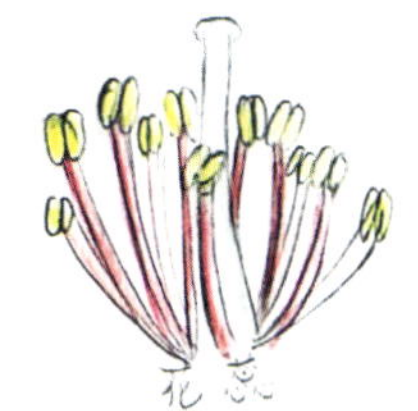

花蕊

花蕊形状细长
花药呈黄色 每朵花
有一根花柱 11根
左右花丝

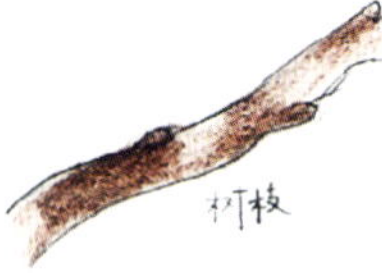

树枝

树枝为褐色，粗糙有孔

花朵

双花对生 中间会
有嫩芽

题都城南庄

唐·崔护

去年今日此门中，
人面桃花相映红。
人面不知何处去，
桃花依旧笑春风。

时间：2021年4月2日
地点：武汉江滩
天气：晴
记录人：康津玮

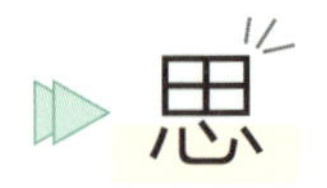

心得感悟

用全部感官来感受自然，必将受到自然的回馈

现在的孩子和我们一样，居住在钢筋混凝土的格子里，基本没有属于自己的自然地界，有些甚至连一起玩耍的朋友都缺失。

回想起刚开始被派遣参与“自然导师课”（笔记班）的时候，虽然非常好奇，但说实话，我是忐忑的，因为自己几乎是个连小白菜和大白菜都会混淆的人，怎么指导学生研究自然植物？惊讶于当时山林老师的一句话，“这种植物是什么，你不知道，没关系”。后来，通过学习和带领孩子们一起做自然笔记，才真真切切地理解了这句话。

在做自然笔记的时候，只需要调动我所有的感官去研究自己感兴趣的对象就好，去发现它的特征，用笔画出或写出自己所观所感，依赖体验，唤醒情感，用全部感官来感受自然，也必将受到自然的回馈。正如在山林老师的课题

讨论中我的回答，“对孩子进行自然教育能激发他们的兴趣，能发展他们的能力，能让孩子们保持热情、葆有乐趣，能使他们获得满足感、治愈心灵。其实，对于大人来说，也一样”。

——学员：陈茜老师

感谢学校组织的绿色研学活动，让孩子走出教室，走近自然、观察自然、感受自然、学习自然，丰富了知识，逐步改进了研究自然的方法、提升了研究自然的能力。

我们注意到：三年级时，通过观察兰花和蘑菇，孩子学会了如何从根、茎、叶、花蕾全面了解植物特点；四年级时，通过观察茶花和桂花异同，孩子了解了如何细致地分辨不同的事物；五年级时，通过观察蚯蚓及其生活环境，孩子初步建立生态系统观念，并饶有兴趣地与父母讨论“虾稻共生”现象。

不仅如此，我们还发现孩子更加关心和热爱自然。每天放学回到家，她都迫不及待地跑到阳台，瞧一瞧她种植的小白菜、多肉植物，还有那只她从湖边捡回来的小乌龟。对自然研学给孩子带来的这些变化，家长感到十分欣慰。

——学生陈悦浠的爸妈

孩子在户外实地完成了植物研学，提交了研学笔记。研学活动延伸了课堂、拓宽了视野，有效地锻炼了孩子的团队合作能力。绿色研学活动大有裨益。

作为家长，我陪同参加了几次，感触很深。孩子们在现场欢呼雀跃地选择研究对象，认真地观察，请教老师，再呈现出精美的手绘插图、比较详细的研学笔记，收获满满。

研究学活动不仅使孩子亲近了大自然，更重要的是，激发了孩子探索自然的兴趣，对于所见的植物、动物，有了更多的问题要问，同时学会了基本的观察和学习方法，懂得了怎样描述研究对象，更加好奇大自然的神奇和美妙，甚至是佩服，求知欲也得到极大加强。

真心希望这种“活动课堂”能继续开展下去，让孩子们在研中学，学有所获，并且让孩子们真正懂得尊重大自然，爱护我们的美丽地球家园。

——学生康津玮的爸爸

孩子不仅收获了知识，而且收获了更多的独自动手的能力、独自判断的能力、独自分析的能力。孩子一面体验自然风光的秀美与奇妙，一面感受与自然连接的快乐与自由，真正体验到了不同于水泥城市的田园之美。在和大自然的亲密接触中，孩子丰富了自己的见识，在不知不觉中认识自然、了解生命、掌握原理。

一呼一息，一草一木，自然界蕴含着无数生灵，也潜藏着无数生命原理。在多彩缤纷的自然课堂上，孩子不再拘束于白纸黑字的枯燥，更多的是好奇心和求知欲的指引。很高兴能够有机会和孩子一同探究，一同在大自然中翱翔。实践和陪伴是对生命的唤醒，科学和研究是与心灵的交融。我相信这次研学活动仅仅是一个开始，研学促成长，我们一直在路上！

——学生何芷萱的爸爸

强
阶梯教室

艾丽丝漫游“绿”境

——制作一份校园自然地图

美国自然教育家柯内尔在《探索大地之心》一书中建议，可以为这块观察地画一张属于自己的地图。柯内尔指出，可以先沿着这块小天地走一圈，标明小径、老树、岩石等地标，甚至可以再找出几个最有趣的角落，以那里的特色命名，例如，“蚂蚁丘”等，标在地图上。

一份自然生态地图，就是一个绿色的世界。它可以让孩子们发现校园的自然之美，与自然亲密接触，学习如何成为一个小小绿天使志愿者，养成观察自然的习惯，播下绿色的种子。

03

参与学生

付雨菲　张昕卓　阮睿轩　陈浩泽　熊子阳

高云翔　娄　尚　王芊珣　赫钟恩　张煜宸　等

参与老师

宫书惠

学校简介

武珞路小学是一所口碑优良的名校，坐落于历史悠久的洪山宝通寺之侧，占地面积大约0.6公顷。学校一直坚持“和谐教育”的办学理念，以促进学生全面、健康、个性、和谐发展为育人目标，将“为学生成长奠基，为学生发展服务，成长即成果”的教育价值观融于管理工作全过程。

武珞路小学重视绿色环境育人。校园绿化以高大常绿的乔木为主，环形跑道东西两侧种植了樟树、桂花等，高大繁茂的树冠撑起了一片绿荫。七八十年树龄的荷花玉兰和雪松是武珞路小学校史的见证，也是学校的植物名片。硬化地面以盆栽灌木为主，有10余种70余株。校园东南角是景观小花园，乔木、灌木、爬藤、草本，立体种植错落有致；凌霄、旋花、乌蔹莓、红花酢浆草等丰富了植物的种类，夹杂其中的野草增添了自然的野趣。这片绿地给学生提供了探索自然的空间。校园空中花坛的迎春花和屋顶花园的月季，又增添了自然的绿意。

学校坚持开展自然教育活动：了解校园植物，进行自然观察，学做自然笔记；农耕时节，全校师生走出校园，开展以自然教育为主题的研学之旅，聆听节气文化讲座，了解节气与农事知识，学习移栽方法及移植对农作物的意义，掌握农具的正确使用方法，享受劳动的乐趣。

学校丰富的自然活动，让师生们感知万物，探索规律，并不断地从自然中汲取养分，感受天地万物的律动，丰富孩子的精神世界，滋养他们从内而外的独特灵性，懂得人与自然和谐共生之道。

课

课程“绘制校园生态地图”

设计意图

“生活中不是缺少美，而是缺少发现美的眼睛。”真正的美好是需要我们去体验、去感受、去欣赏的。只有真正的爱好与天性的释放，才是最佳的成长之路。

亮点

孩子们用“绿色”视角重新审视习以为常的校园，竟然发现校园植物如此丰富多彩。

重（难）点

三年级的孩子画自然地图，能不能顺利地完成？孩子们是否知道，自然地图和我们一般的地图相比，最大的区别是什么？

目标

校园生态地图的制作，从前期认识自然地图，到基本地图出稿，再到清点、识别校园植物，最后绘制成图，每一步都是对孩子生态美育的浸润。

老师开讲

制作自然生态地图“三步走”

绘制自然生态地图，低年级有低年级的画法，高年级有高年级的要求，最后的结果并不重要，重要的是孩子们在活动过程中对自然的关注，以及活动过程中孩子们的体验成长。

第一步：了解什么是生态地图

先在网上收集大量的生态地图，让学生带着问题去观察。

1 自然地图和一般的地图相比，最大的区别是什么？

2 自然地图千差万别，但是它们都有共同的秘密，你能发现这些秘密吗？

3 你还有其他独到的发现吗？

第二步：实地勘察绘制校园自然地图

在对自然地图有了一定认识之后，学生们开始在老师的带领下创作。先做什么，再干什么，是让孩子们听从老师的指挥，按部就班一步步地来，还是让孩子们自己商量，合理地安排自然地图的制作步骤呢？

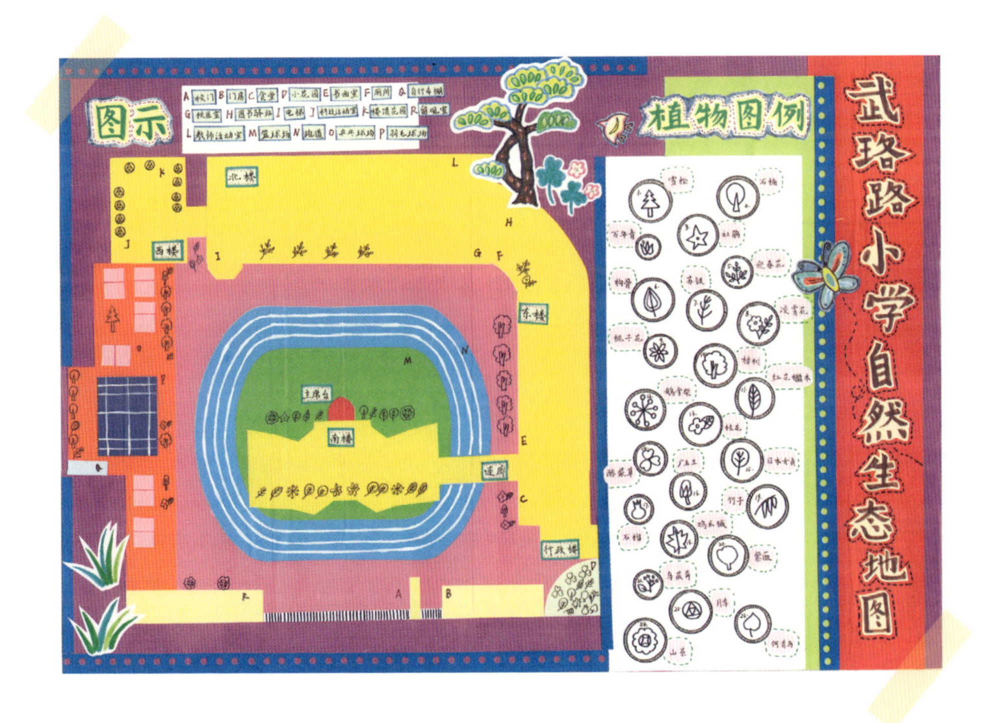

整个活动中，老师把主动权交给了学生。他们一起商议，选出最合理的方案：先把校园地图画出来，然后把植物放在地图的相应位置上完成制作。从一开始到最后拍板拿主意，都是孩子们自己做主。孩子们的参与意识和主人翁意识特别强烈，这种小鬼当家的感觉，孩子们特别地享受。这种享受应该被认同和尊重。

第三步：认识、清点植物，做自然笔记

考虑到指导老师的专业知识储备量有限，并非认识校园里的所有植物，即使借助APP也只能推测它们可能是什么植物。为此，学校请来了专业老师作技术支撑。学校这种科学严谨的态度，对孩子们影响很大。

在清点校园植物数量时，小组成员数了一遍又一遍，甚至跑到二楼各个教室，透过窗户去观察空中花坛中的植株。他们知道科学研究一定是求实求真的，不能有半点虚假。在专业老师的带领下，神奇的自然之门打开了，学生们观察植物、认识植物、学做自然笔记。

在美术老师指导下，分工合作，修改草图、制图、设计图例、填色、写文字说明……最终，校园生态环境地图顺利诞生。

小小能手

只要善发现，生活处处充满美

“什么，让我们画地图，我们能画出来吗？校园自然地图又是什么，该怎么画？……”刚听到这个消息的时候，三（3）班付雨菲的脑海里冒出了好多小问号，心里也有些忐忑，不知道该怎么动手才好。其实，这是很多同学心中共同的疑惑。

老师是学员们的指路航标。老师并没有急于让大家动手绘制自然地图，而是首先找来大量图片让学员们学会仔细观察，观察自然地图里蕴藏的奥秘，了解什么是自然地图。学员们都沉浸在寻找的快乐里，如同小侦探一样不放过一丝小细节，这也为后期的顺利绘制奠定了基础。

自然地图是什么呢？通过观察和思考，学员们明白了：自然地图就是在学校的平面图上把学校各种植物的分布标注在地图的相应位置上。这样他们心里有了初步计划：首先画好学校建筑示意图，然后把校园植物分布标注在相应位置上。

学校建筑的分布每个人都相当熟悉，老师告诉大家认真观察，大胆创意。学员们明确分工：工笔好的画建筑，色彩感强的涂色，有创意的加上小设计……不久，一幅有特色的建筑示意图就展现在眼前。学员们有些小得意，也深刻体会到团队合作的力量：只要大家齐心，没有什么是不可能的！

自然地图的核心就是植物的分布了。为了更好地、准确地绘制出校园植物分布的自然地图，画好植物图标，老师多次带领大家在校园仔细观察，耐心讲解。同学们也都异常认真，无数个下午，他们三五成群地分布在校园的各个角落，认真观察着每一种植物、每一片叶子、每一个花蕾，拿起画笔记录着它们可爱的样子。“原来植物的世界是那么的精彩啊，每一片叶子、每一朵花都有属于它的独一无二，我们领略到了自然世界的神奇，这些在我们生活中不曾被我们关注的世界是那么地生机勃勃，蕴藏着无数的奥秘等着我们去发掘。”

我们的校园如此美丽！看着用心绘制出的自然地图，学员们都很激动。只要我们有一双善于观察和发现美的眼睛，生活中处处都充满着美！

自然笔记

校园版面
冬
记得那次画绿地图，我印象最深的是，大哥哥来给我们介绍植物，通过那次观察，我认识了红花酢浆草和其它好多的植物，有还看到了两星瓢虫和一只蝴蝶。
吴凯
三(3)班
45号

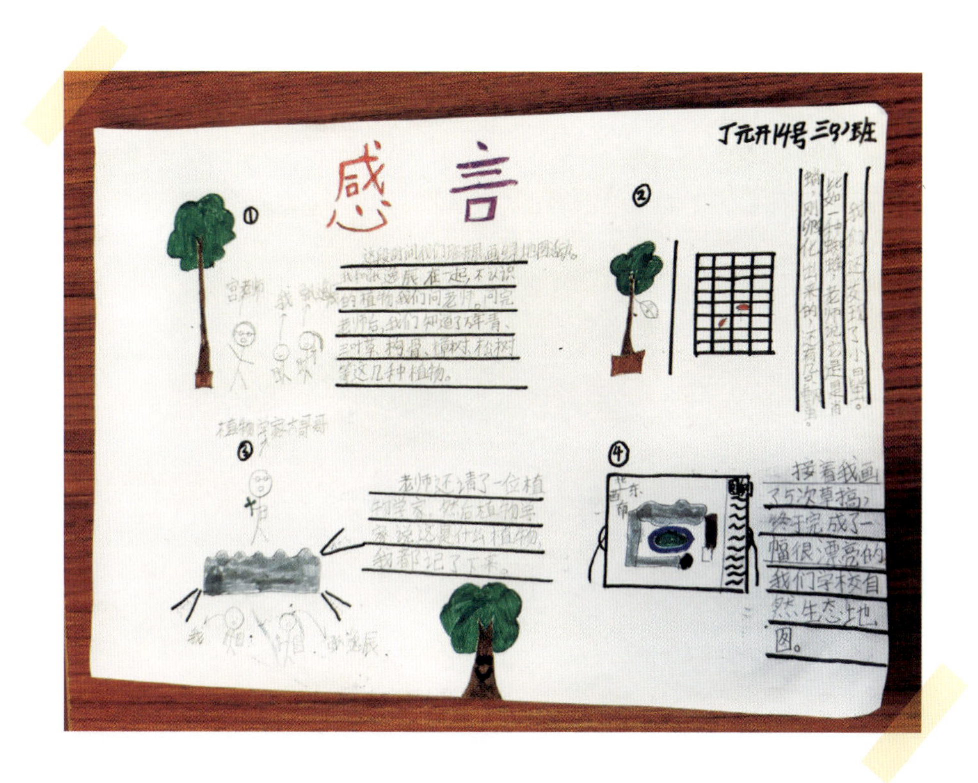
丁元开14号 三(9)班
感言
这段时间我们在画绿地图。
我和张逆辰在一起，不认识的植物我们问老师。问完老师后，我们知道了冬青、三叶草、枸骨、樟树、松树等这几种植物。
我们还发现了小甲虫，比如一种蚜虫，老师说它是刚孵化出来的，还有只蜗牛。
植物学家大哥哥
老师还请了一位植物学家，然后植物学家说这是什么植物，我都记了下来。
接着我画了5次草稿，终于完成了一幅很漂亮的我们学校自然生态地图。

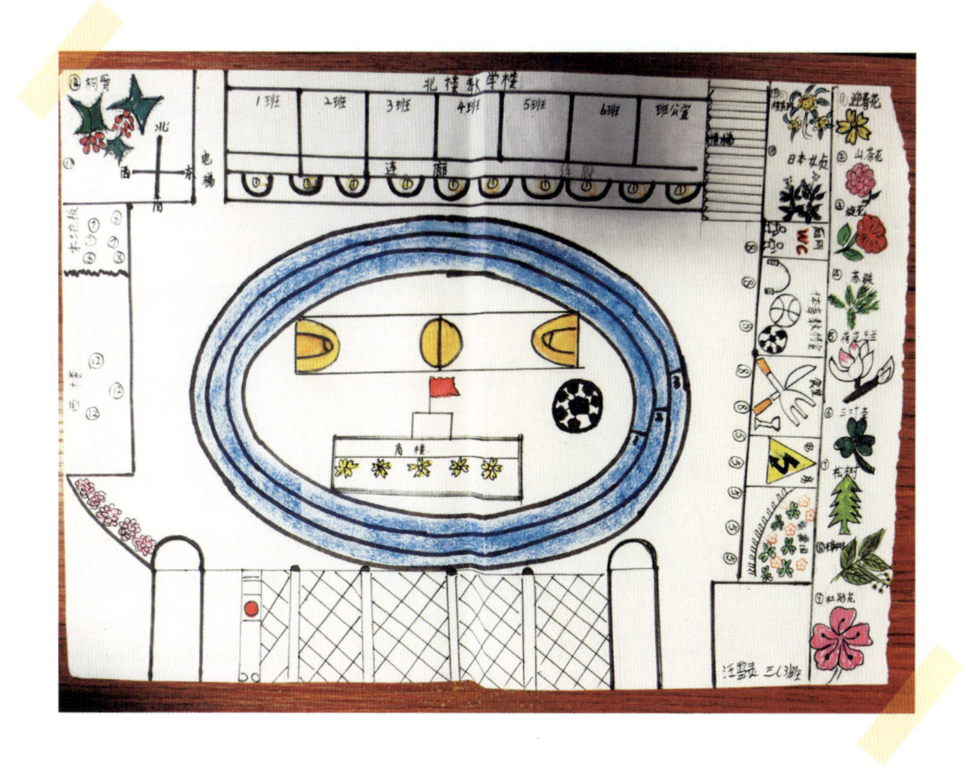
北楼教学楼
1班
2班
3班
4班
5班
6班
连廊
电梯
北
西
东
南
楼梯
迎春花
山茶花
苏铁
三叶草
松树
杜鹃花
日本女贞
南楼
西楼

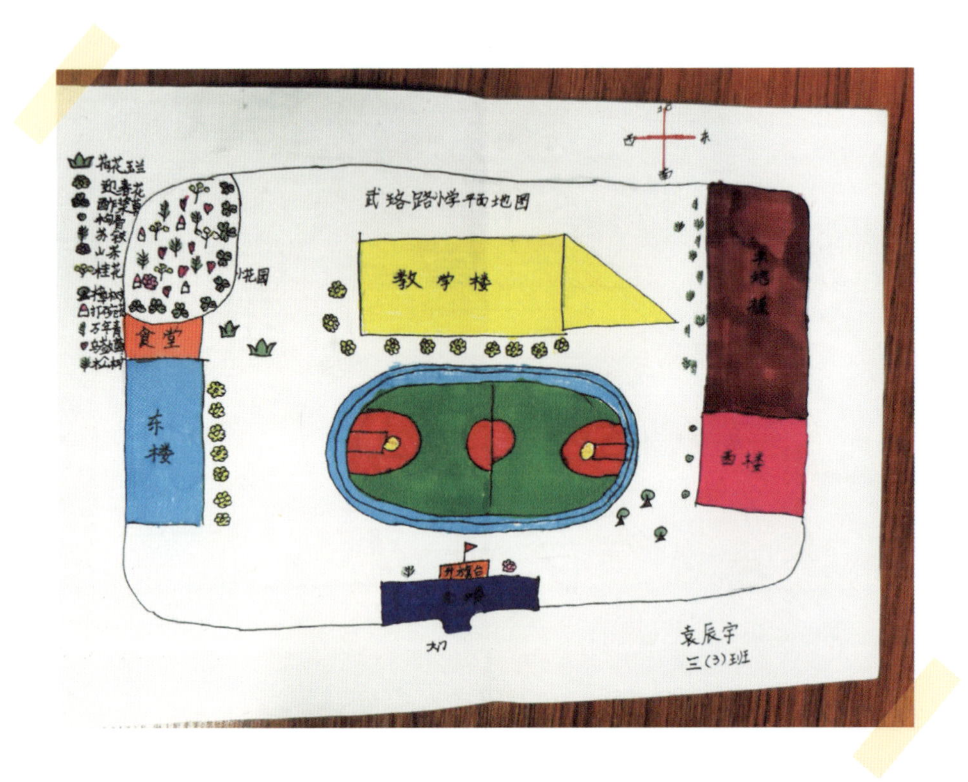
武珞路小学平面地图
教学楼
食堂
东楼
西楼
小花园
大门
袁辰宇
三(3)班

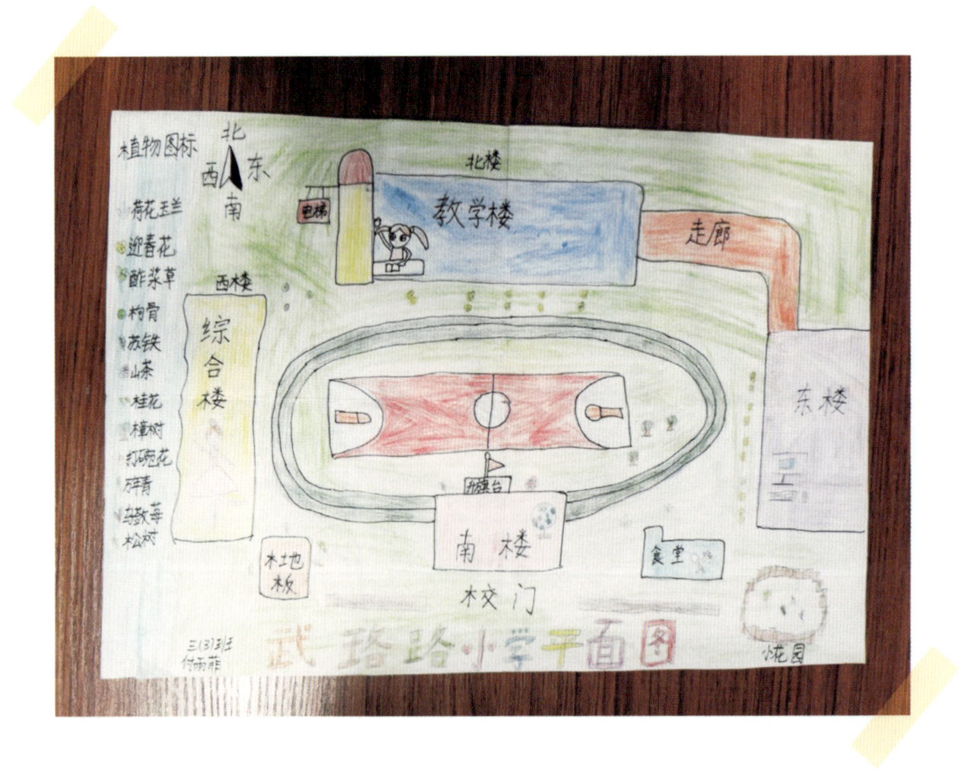
植物图标
荷花玉兰
迎春花
酢浆草
枸骨
苏铁
山茶
桂花
樟树
打碗花
万年青
乌敛莓
松树
北
西
东
南
北楼
电梯
教学楼
走廊
西楼
综合楼
东楼
升旗台
南楼
食堂
木地板
校门
小花园
三(3)班
付雨菲
武珞路小学平面图

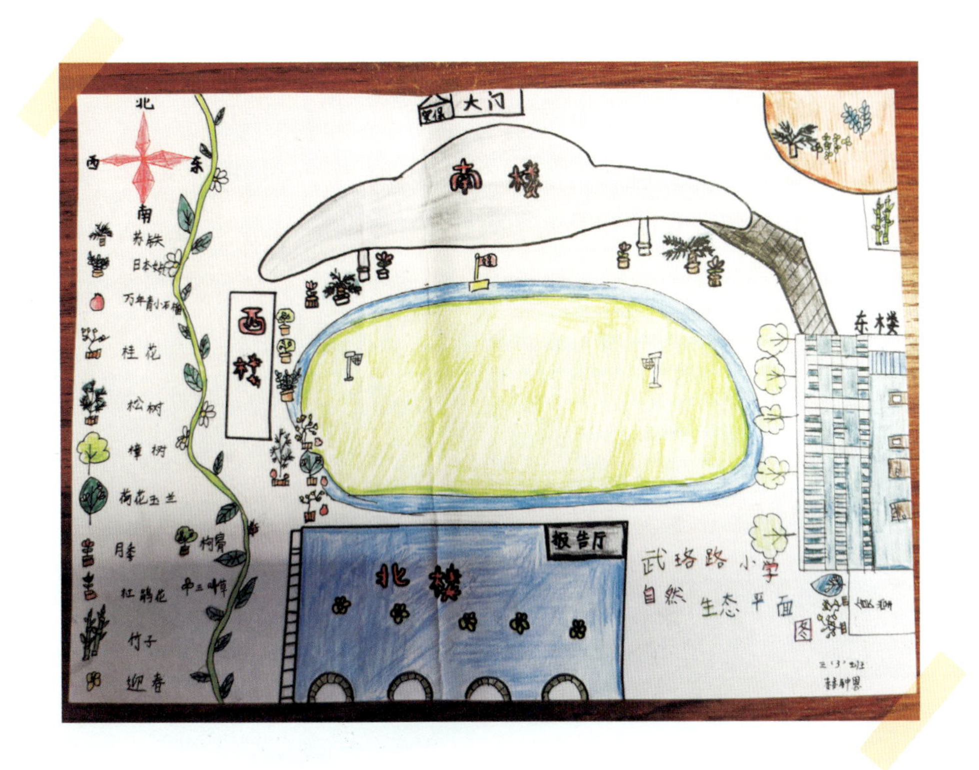

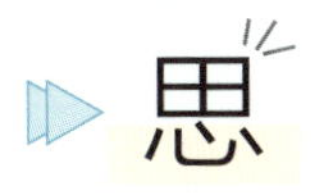

心得感悟

亲身体验远比百科全书生动有趣

孩子们亲身介入绘制校园生态地图的活动中，通过认识、体验和感悟，在实践中获得了新的知识技能。

活动中，孩子们用“绿色”视角重新审视习以为常的校园，竟然发现校园植物如此丰富多彩——惊喜于有的树叶边缘是红色锯齿状的，疑惑于叶子的正反面颜色不一样，感叹于植物的千差万别。他们还意外发现了小蘑菇、两星瓢虫，树干上的虫虫洞穴。更难得的是，孩子们目睹到了刚刚孵化出来的蜘蛛破茧的过程。这观察到的远比百科全书生动有趣得多！他们发现了全新的校园，探知绿叶下藏着一个生机勃勃的神奇世界。

孩子对自然的最直接的感知和热爱，激发了他们的创造能力。在美术老师指导下，经过一次次修改之后，孩子们分工合作，终于创作出校园生态地图。

这次活动，孩子们玩中学，学中研，观察、研究、设计，最后绘制成图。他们看到绿叶下生命的律动，享受到了微风中的绿荫，体会到自然的魅力。这美妙的自然体验活动，带来了如此明显的改变，让孩子们更主动地亲近自然、关注自然。

——学员：宫书惠老师

亲近自然是幸福的源动力

孩子的世界是彩色的，快乐是其中最美的一种。探索万千对生活的美好，唯亲近自然，触摸绿色是最幸福的源动力！

小时候，我们在自然中长大，有原野、山林、绿色、小溪……夏天来了，像一群小猴子，在绿意盎然的自然里撒欢儿，捕捉一只虫与一朵花的私语，也曾触摸过四季的叶子，知道稻子和稗子的区别……而今，看着自己的孩子沉浸在手机、平板电脑等电子设备的世界里，通过动画片想象从未去过的森林，却不知道在大自然中撒欢游玩是什么感觉。

我和孩子是带着好奇、兴趣与探索的心情，参加了学校举办的绘制自然地图的活动。校园里植被丰富，孩子们在老师的带领下置身其中，仿佛进入绿野仙踪的世界。听着老师们耐心、细心、自信地讲解一花一草，看着孩子们似懂非懂、纯洁天真的面庞，闻着夏季里芬芳怡人的青草香，感悟人生努力成长的过程，一种强大的自由之力让孩子们的内心得到释放！

“妈妈，为什么有那么多品种的花花草草？为什么樱花是粉色的？为什么四叶草只有四片？为什么枸骨又叫猫儿刺？我要把所有认识的植物全部都画在我的地图上……”我微笑地感受着孩子如此强烈的认知信号，备感欣慰！我便同他一块儿用心地记录下每一种植物的名称、习性、特点以及生长环境。其实，有很多我都不太清楚，但是在查阅的过程中孩子是快乐的。最后将所有的植物与地理环境相结合，呈现出来自然地图时，孩子的微笑是自信的、是有成就感的。且不说画的是否逼真，我觉得此刻的收获已经足矣，如果再能传递、分享给其他喜爱的小伙伴们，那就变得更加有意义了！

真正的美好是需要我们去体验、去感受、去欣赏的。只有真正的爱好与天性的释放，才是最佳的成长之路。似乎在孩子们的这个阶段，没有比这个更好的礼物了，那些一花一世界是给孩子们的一个别样的惊喜。

我认为本次自然笔记与绘制自然地图活动真实而有趣味，着实给我们每个家庭都带来了欢乐与温暖，让在“温室”里的孩子有了主动去寻找大自然奥秘的冲动，让他们能够按照天性的规律去培养，树立正确的人生观、世界观与价值观。感恩每一位自然教育的导师们，感恩一切的正能量生命……

——学生高云翔的妈妈

更上层楼，“花草秘语”

——农场建在教室楼顶

亲近自然，可以培养孩子对自然的兴趣以及动手动脑、探究问题、观察事物等方面的能力，使孩子们萌发爱护植物、亲近自然的情感。

校园农场，是大自然的缩影，是孩子们熟悉自然、探索自然的窗口，也是孩子们感受自然的最佳场所。

谁的花草最漂亮？什么种子发了芽？什么植物开花了？在振兴路小学教学楼的楼顶，倾听自然秘语，孩子们与植物共成长。

04

参与学生

殷子涵　蔡佳颖　徐瑛琪　吴曼姿　胡文燕　刘锦怡等

参与老师

贺　臻　楚海家

学校简介

武汉市江汉区振兴路小学，位于汉口火车站西侧的复兴村地区，毗邻湖泊湿地资源丰富的后襄河公园、武汉园博园以及金银湖国家湿地公园，湿地教育资源优越。学校现有27个教学班1200名余名学生。开展生态教育十余年来，振兴路小学成果丰硕，先后荣获“武汉市绿色学校”“国际生态学校”、全国“未成年人生态道德教育示范学校”“保护长江水生生物教育实验学校”、中国湿地网络委员会“湿地学校”等殊荣。

振兴路小学是一所生态校园、湿地学校，将“一花一草，用心照顾，生态振兴，爱心呵护”作为学校的自然宣言，校园处处充满着生命的活力。为了提供一个认识更多植物的平台，学校把楼顶建成了“梦想农场”。根据课程需要以及种植环境，经过搜寻和筛选，种植了农作物、花卉、蔬菜、蕨类植物、攀援植物等不同类型的植物，让学生不仅学习和人类息息相关的植物知识，还可以动手参与到种植和养护中。

在这样的校园环境下，可以进行多样的课程设计。目前，学校有涵盖1～6年级系统性的自然课程，从学生简单的体验和动手开始，过渡到对自然的观察和记录，而后是高年级基于自然笔记的小组协作和探究。学生不出校园即可进行直观、探索的学习，体验以前需要走出校门才可实施的研学课程。

▷ 课

课程“二十四节气与我们”

亮点

二十四节气本身是可以感受到的，是具有重要教育价值的自然资源，利用二十四节气开展学生自然教育活动是顺应儿童自然本性、促进儿童更好发展的重要举措。对学生自然教育活动的构建将从主题活动、游戏活动、各领域综合实践活动和环境创设活动四方面展开。

目标

培养学生向往大自然、爱护动植物、珍惜自然资源的品质，充分利用社会资源，引导学生感受丰富的祖国文化，感受家乡的变化和发展，激发学生爱家乡、爱祖国的情感。

设计意图

针对学生天性活泼好动和自然教育活动对学生发展的重要性，从二十四节气与学生发展的密切联系出发，重点围绕以节气为背景生成主题活动、利用节气民俗开展游戏活动、各领域融入节气形成综合实践活动和以节气为题材进行环境创设活动这四方面构建不同形式的学生自然教育活动，引导学生在不同形式的活动中尽情探索和体验自然，不断发现自然界的奥妙、发现自我成长的秘密，促进自由、健康、随性、智慧地成长（情感、态度、价值观）。

重（难）点

教师进行学生自然教育活动的设计时除考虑学生的身心发展特点之外，还需通过查询书籍（自学）或利用多媒体网络资源了解各节气及节气所包含的各种知识，以学生能理解接受的方式对抽象的节气进行合理改编。教师带领学生开展自然教育活动时，还要多观察和了解孩子（结合其认知特点），善于利用教育机制指导孩子，也要及时听取学生意见，尊重学生想法，引导学生积极参与。

老师开讲

让自然教育触手可及

对于小学生来说，因为年龄小、自制力弱，一直待在教室易产生厌倦感。那么，换一个学习环境和学习方式，会有什么样的效果呢？

近年来，振兴路小学陆续扩大校园湿地，完善楼顶花园农场，对校园环境也进行特别维护：在不影响校园整洁的情况下，尽量保留校园自然生长的植物，即野草和幼小野生树苗，包括蒲公英、早熟禾、叶下珠、桑、构等近三十种植物。校园绿化和刻意维护相结合，逐渐构建了丰富的校园植物资源，为课程设计打下基础。

尤其是楼顶花园农场，根据课程需要种植了农作物、花卉、蔬菜、蕨类植物、攀援植物等不同类型的植物，让学生不仅能学习到和生活息息相关的植物，还可以动手参与到种植和养护中，体验实物在手的学习。大家还给它起了个十分诗意的名字——“花草秘语”。

此外，每班（窗台上）建立了种植角，拥有自己名副其实的班花；楼道里的展览长廊上，还印有自然笔记等。

这样的校园环境让学生不出校园，即可进行直观、探索的学习，每时每刻都能看到和接触到自然教育的相关内容，潜移默化地影响与激发孩子们去认识自然、研究自然、融入自然、热爱和保护自然，培养孩子们的博爱情怀与高尚品格。

小小能手

开心农场里"菜耕香"

根据种植环境，经过搜寻和筛选，指导老师将小农场设置为两个区域，分别是观花植物区和蔬菜种植区。

在蔬菜种植区，老师带领学生种植了常见作物，如农棉花、大豆、花生、玉米、小米等。而观花植物区就多姿多彩了，包括彩色植物、芳香植物、攀援植物、多肉植物、水生植物等。每次上自然教育课，小朋友们可开心了，简直把"花草秘语"变成了开心农场。另外，学校还通过"墙缝里的植物""校园花朵的探究"等课程，鼓励学生发现校园里的植物多样性。

三（3）班小朋友吴曼姿对植物的喜爱、对自然科学的喜爱，一半源自妈妈，一半源自学校的梦想农场。妈妈从小就爱绿植、爱绿色，每逢周末、节假日，总是带着吴曼姿到附近的后襄河公园、王家墩公园看花看草，写观察笔记、自然笔记，还参加了好多期的公园大课堂活动。而参加了学校梦想农场建设活动后，吴曼姿更加积极了，她把老师发的向日葵、喇叭花等种子种在阳台上，一有时间就给它们浇水、施肥、晒太阳，看着它们一天天茁壮成长，并用画笔一步步地画了下来。"我喜欢植物，喜欢看着它们生长的样子，我也想把我妈妈的这个好习惯坚持下去。"

观花植物区图

蔬菜种植区图

自然笔记

第2小组

姓名：[illegible] 班级：四(1) 组号：2组 时间：2021年03月 日

欧石竹

结论：异花受粉的花的个头比较大，其他偏小。自花受粉的花颜色比较鲜艳。

姓名： 班级：四3 组号：4 时间：2021年03月 日

自然笔记：

探究结论：

1.异花受粉的花颜色比较深，而且比较大。

2.自花授粉的花颜色偏淡，而且都是很小的。

姓名：吴曼姿 班级：三(3)班 组号：[illegible] 时间：2021年03月11日

①墙角或地上的缝隙。

②因为缝隙里有营养。

③都在缝隙里生长。

④因为它们宽的种子不小心掉在了缝隙里，所以以长在缝隙里面。

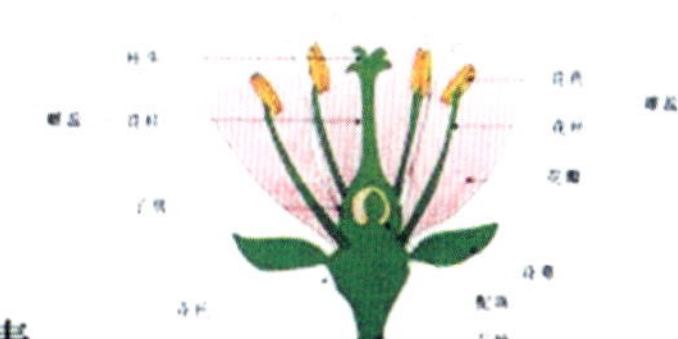

校园花调查表

性状 植物	花的颜色	花的大小 （大、中大、中、中小、小）	柱头花药谁高		
			柱头高 （异花）	花药高 （自花）	持平 （混合）
杜鹃	红	大	✓		
硫磺菊	黄	中大	✓		
卷耳	白	中		✓	
通泉草	紫白	中小		✓	
阿拉伯婆婆纳	蓝白	小			✓
荠菜	白	小		✓	
斑种草	白	小		✓	
石竹	红	中大	✓		
欧石竹	红	中			✓
碎米荠	白	小		✓	
黄鹌菜	黄	中	✓		
繁缕	白	小		✓	

统计结果：

一、　花朵颜色和传粉方式的关系

	花的颜色
异花授粉	红、黄、红、黄
自花授粉	白、紫白、白、白、白、白
混合授粉	蓝白、红

二、　花朵大小和传粉方式的关系

	花的大小
异花授粉	大、中大、中大、中
自花授粉	小、中小、小、小、小、小
混合授粉	小、中

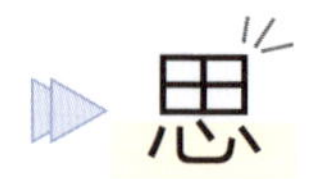

心得感悟

要创造更多可能，让孩子去探索自然

我有幸和其他几所学校的老师一起参加了以庞静为导师的“自然导师课”（植物班）的学习，有收获，也有遗憾，自己由一个植物“小白”到略懂一二。庞老师身体力行带着我们耕作于沙湖公园的梦想农场，拔出杂草、翻土、播种、间苗，用厨余垃圾去堆肥从而改良土壤，等等，我至今记忆犹新。在种植实操中，我们每人参与其中，观察豌豆种子、油菜等破土而出的情景，长出小苗后进行间苗，让其在宽松的环境里更好地生长，我们感受到自己付出劳动后土壤里从无到有的神奇变化，了解到每个植物都要经历破土、生长、成熟、衰败的过程。

我把学到的种植技能带回学校，指导学生们种植了一些短期内能结果的植物，如辣椒、茄子、樱桃番茄、向日葵等。在学校的梦想农场“花草密语”建设中，我和孩子们同样也经历了拔除杂草、翻土、播种、间苗等劳作活动，看到花、草、蔬菜自然生长，倍感亲切！学生在种植过程中不仅掌握了种植技巧，还体会到植物顽强的生命力（不惧风吹日晒、严寒酷暑）。果实成熟后，学生将果实分给同学、老师、家长，又自觉养成了珍惜食物的情感。不足的是，为了不增加孩子的负担，很少让孩子们去记录所看、所听、所悟，这也是我今后要去思考和引导孩子们去努力的地方。

亲近大自然、探索大自然、发现大自然的神奇，是孩子们的天性，创设更多适合学生的自然教育活动让自然教育活动成为孩子们的必须。当我们和孩子走到户外，亲自去看、去摸、去听、去闻，我相信一定会有收获！

——学员：贺臻老师

我从小就喜欢各种各样的植物，喜欢看五颜六色的花，也喜欢养各种各样的花和草。刚刚破土而出的绿芽，含苞欲放的花骨朵，总是能让人心情舒畅，忘掉所有的不快。

令我欣慰的是，女儿也喜欢我的这个爱好，她经常和我一起，给家里的绿植修剪、浇水，遇到不懂的地方经常问我，我也搞不明白的时候，我们就一起查找答案。孩子有时观察得比大人更细致，可以发现大人看不到的美。母女共同学习、一起成长的感觉也是我非常享受的。希望“花草秘语”越建越好，希望孩子能在学校学到更多的自然知识，更希望孩子在同大自然打交道的过程中收获到更多的快乐。

——学生吴曼姿妈妈

每一个我们
都值得期待…

芽芽园与三味书屋

——小小农场也能分设主题种植区

不同的植物品类，有不同的教育功能。

“梦想农场”虽说不大，但在武汉市汉口回民小学的老师看来，也可以划分为不同的主题进行种植：或是具有药用功能的植物，或是可以怡人心情的观光植物，或是可以大快朵颐的食用蔬菜……打造“芽芽生态种植园”旨在有目的地引导学生参与不同的主题种植，调动学生的多种感官，通过看、摸、闻、听、说、做等方式，体会活动的乐趣，进一步感受大自然的神奇。

05

参与学生

黄曦雯	汤世谦	周雨欣	赛菲娅	骆之文	
詹子瑞	海迪卡尔	唐梓萱	李嘉程	刘思阳	
龙雨欣	何阳阳	徐泽林	苏麦亚	苏　比	
吴正谦	罗梓畅	陈紫涵	韩淑雅	骆雅琪	
梁斯尧	陶彦汐	刘以龙	郭文静	仲仁娜	
龚致远	陈永超	阿依孜巴	苏峻羽	冀红桃	等

参与老师

杨　樱	张　瑶	陶　晶
陈　超	马仲雷	楚海家

学校简介

武汉市汉口回民小学位于民权路统一街口，是一所百年民族老校，初名“清真学堂”，1929年定名为清真小学，1949年改名为汉口私立穆德小学，1953年春由江汉区教育委员会接管，更名为汉口回民小学。八十多年的积淀发展，近二十年的深化拓展，学校珍视每一个生命个体，坚持“铸民族魂，育时代人”的办学理念，全面践行“雅真”民族教育特色。

近两年，学校致力于打造生态校园，积极构建生态校园文化。除了日常绿化工作之外，2020年秋季，学校派青年教师参与“梦想农场二期”活动，今年在打造“芽芽生态种植园”（简称“芽芽园”）的过程中便借鉴了“梦想农场”里的“钥匙孔”——分区域种植，将芽芽园划分为美美与共区、欣欣向荣区、强身健体区、坚韧不拔区等四个区域。学校还聘请有经验的专家、老师帮忙指导，带领学生亲自参与种植、浇水、施肥、除草、治虫、收获、观察记录等各种实践活动。每周利用大课间，开展一次“芽芽汇报会”。收获一批再种一批，要求学生做好每次收获后的总结与反思。

学校希望通过这一系列的生态教育，能真正实现学生与自然的有效联结，从而维护学生的智慧成长、身心的健康发展。

近年来，学校教育教学质量稳步提高，先后获评武汉市办学水平先进学校、江汉区文化体育工作先进单位、巾帼文明示范岗、江汉区教育局“师德建设十佳集体”、基础教育课程改革实验特色发展基地校。

课

课程“植物生长需要什么”

亮点

此次活动设计中，最初我用学生熟知的课文进行导入，并通过实地探访、观察的方式，让学生在放松的氛围中学到知识。

为什么植物生长情况不一样？植物生长需要什么？几天浇一次水？没有太阳照射怎么办？

在这个特别的课堂上，还没等我提出这些问题，学生们就迫不及待地发问并开始寻找答案了。

目标

作为语文老师，我同样可以带孩子们走出教室，走进自然，让学生实实在在感受课本上的内容，这或许远比课文中的文字和我的讲解更有感染力，能让孩子们真正达到和作者共情，最终完成情感态度价值观这一教学目标。

设计意图

通过实地观察、场景对话、老师答疑，引导学生乐于表达自己的观点，学会倾听他人分享的信息，培养学生对大自然的热爱，以及严谨、坚持的科学品质。

重（难）点

在自然教育活动中，态度价值观比知识、技能更重要。

老师开讲

满足每一颗好奇心

“芽”的本意为植物发芽抽枝，代表春天来了，还代表朝气蓬勃的生命力，代表希望，希望孩子们像小芽一样破土而出，茁壮成长。“芽”又谐音“雅”，寓意培育“雅真少年”。汉口回民小学将校园农场取名“芽芽园”，就是希望让孩子们的梦想四处发芽。种植团队的理念，就是“回归自然，让教育追随本真，让成长自然发生”。

“芽芽园”分为四个区，满足了所有孩子的好奇心：欣欣向荣区，种下土豆、胡萝卜、韭菜等；坚韧不拔区，种的是蒲公英、苦麻菜、灰灰菜等；美美与共区，波斯菊、硫华菊等只待破土而出；强身健体区，种植的是有药用价值的板蓝根等。

四位自然导师带领不同年级的孩子们在小农场内撒播种子，并根据种子情况覆土。

孩子接触生态种植，通过动手栽植植物，以及仔细观察来巩固所学的知识，在亲身实践中感悟自然的神奇与奥秘，进而培养走进自然、探索自然的兴趣。

积极开发身边的资源，让资源变为课程，让学生在亲近大自然的过程中学会学习，实现教学方式和学习方式的深度变革。校长杨樱说，站在离孩子最近的地方开发教育项目，这样开发出来的才极具可持续性。

行

小小能手

"雅真少年"，像小芽一样茁壮成长

“芽芽园”怎么建设，怎么使用，师生一起出谋划策，贡献智慧。老师还向孩子们征集点子，共同商量在园地里种植哪些植物。

2021年3月12日植树节那天，师生们伴随着春风，一起为“芽芽园”举行了正式的“开园仪式”。随后，在自然导师的指导下，大家平整苗圃、挑选种子、播种、浇水，一起在园地里种下了胡萝卜、生菜、韭菜等蔬菜，还撒下了蒲公英、凤仙花、旱金莲、板蓝根等植物种子。

每一粒种子都是一个希望，每一粒种子都代表着孩子们的梦想。所以，种子播下去后，每个学员都惦记着，每天上学放学总是忍不住去看看发芽没有。他们牢记自然导师的教导：开始阶段，遇到晴天，每隔两三天就要用喷壶浇一次水；后期则要适当控制浇水次数，并合理施肥；同时，还要通过仔细观察，认真地做自然笔记，记录植物破土、萌芽、成长的动态。

后面的浇水、间苗、移栽、施肥，学员们更是一丝不苟，生怕小苗苗们受委屈了。

孩子们的悉心照料得到了回报，“芽芽园”里的苗壮了、花开了、菜熟了。6月16日，孩子们种的小番茄成熟了，他们一个个兴高采烈地动手采摘，品尝到了自己种植的成果，体验了丰收的喜悦。果然是用自己劳动换来的果实最美味！而通过一季“芽芽园”里的劳作，回民小学的“雅真少年”们也像小芽一样茁壮成长，收获了很多很多。

⇨ 欣欣向荣区：土豆、胡萝卜、樱桃萝卜、奶油生菜、韭菜

⇨ 坚韧不拔区：蒲公英、灰灰菜、苦麻菜、大叶荆芥、大叶芝麻菜

美美与共区：波斯菊、硫华菊、凤仙花、旱金莲、百日草

强身健体区：板蓝根

自然笔记

芽芽园－yǐ chéng zhǎng
一(1)班
méi guì

蕃茄宝宝
我要说一说我的颜色，
还要说一下我吃起来的口味。
我是一个大蕃茄，
我有一种颜色，
那就是红色！
我吃起来有人说
很酸的人说很
甜。

芽芽园
我们与老师一起成长
苏比
三(1)
看不见我
我要偷偷睡觉

四(1)班
骆雅琪
玫瑰花
芽芽园
伴我成长

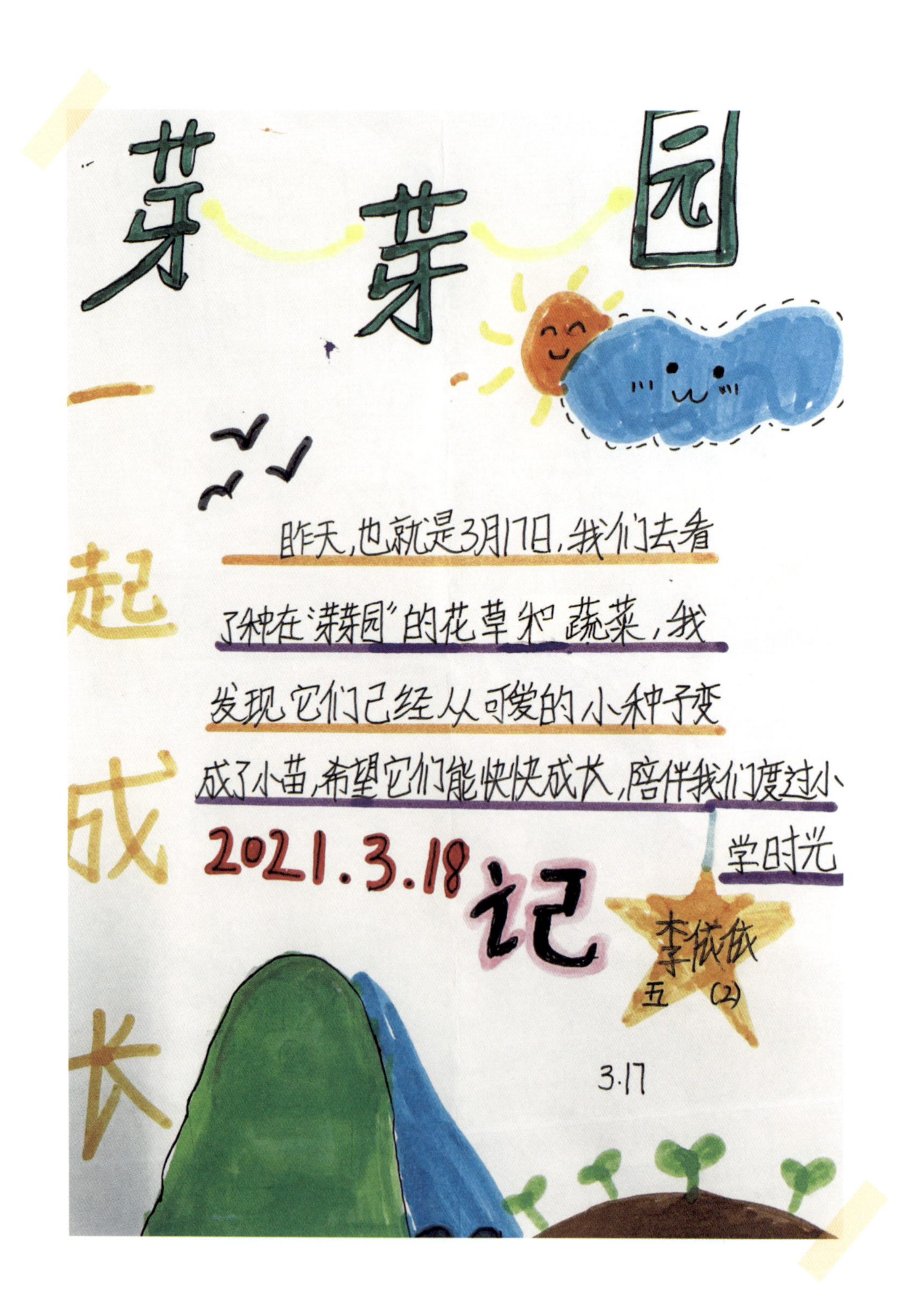
芽芽园
一起成长
昨天，也就是3月17日，我们去看了种在"芽芽园"的花草和蔬菜，我发现它们已经从可爱的小种子变成了小苗，希望它们能快快成长，陪伴我们度过小学时光
2021.3.18
记
李依依
五（2）
3.17

日期： 4 月 4 日
天气：
气温：
胡萝卜
成长记
①
3月20日
还在水中
吸收养分，
有一个芽
已经长出
叶子了。
3月29日
植入土中，
可能植物
还不适应
所以茎干
比较弯曲
4月4日
萝卜的茎干
非常挺拔
生命力旺
盛。
苏峻羽

李嘉程
感想
我上了这节课，
我学了关于很多植物的知识，比rú yinxin树叶的叶mài 叶柄、我很喜欢这一节课！
我学了
叶
柄
叶
柄
叶
柄
叶
柄

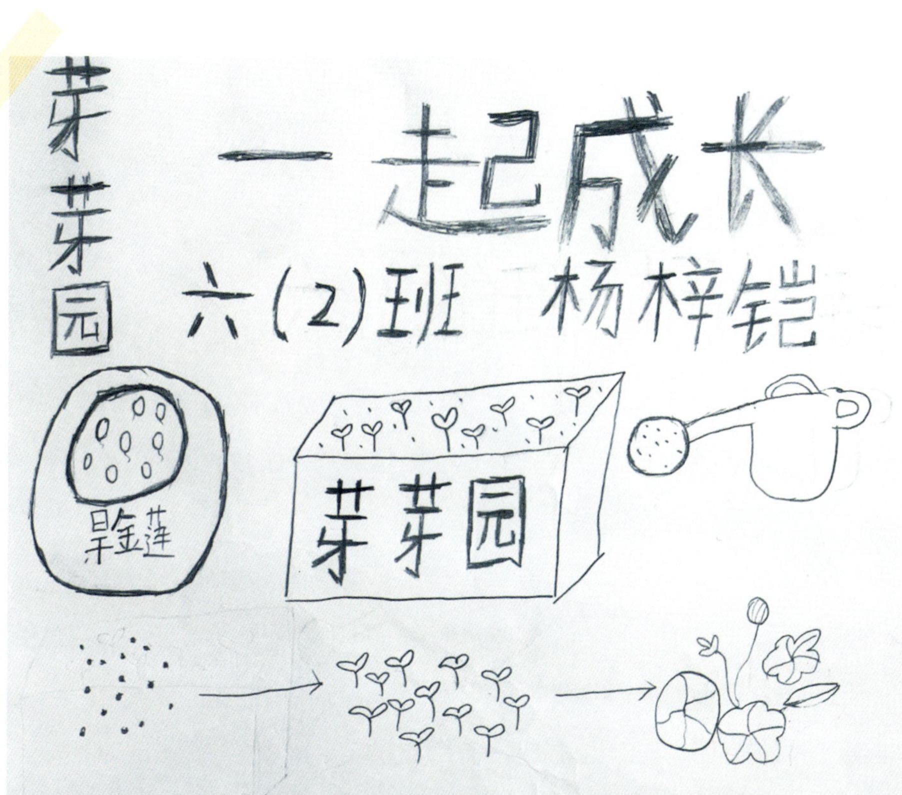

我是芽芽园的一名成员，我们组种的是旱金莲，几天前我们种的时候它们还是一颗颗小种子。等昨天我看的时它们的头都已经钻出了土壤，长出了小芽，成了名副其实的“芽芽园”看起来可爱极了。现在我已经读六年级下册了，还有几个月我就要毕业了。所以我现在想在小学这段美好时光结束前呵护好这些种子。希望这些种子能和我在小学的最后时光中一起成长。最后希望我毕业后学校能继续这项活动，让更多的植物和低年级的弟弟妹妹一起成长。

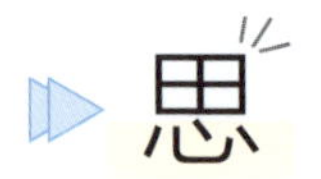

思

心得感悟

价值观比知识、技能更重要

在参加“梦想农场”第二期活动的这一年里，我收获了许多，也成长了许多。比如种植实操方面，在活动初期和山林老师、小伙伴们一起动手除草、松土、播种、移栽，还体验了堆叠式、凹槽式两种堆肥方法。2020年11月初，我第一次尝试种角堇，但因温度、环境原因导致发芽失败。2021年4月初，我又重新播种，这次成功发芽。

我了解了堆肥条件以及堆肥方式；不能仅着眼于培养学生知识与技能的能力，更应注重孩子情感、态度、观念的培养，并在教学过程中将此落实到位而不是光喊口号；任何一节自然教育课程设计绝不能忘了我们的“初心”——形成对自然持久的好奇心与亲近爱护之心，与自然和谐相处；有设计感的活动包含趣味性、无痕迹的科学性、“乱中有序”，这样会使自己的课堂更受孩子们的

喜爱，孩子们的参与度也会更高；在实施科学性较强的课程前，最好能自己先做一次实验；作为老师，要客观地给出观点，尤其是学生出现原则性错误时一定要指出，不能一味地鼓励，“有时候奖励也是种惩罚”，等等。

在活动期间，我明白了，作为语文老师同样可以带孩子们走出教室，走进自然，让学生实实在在感受课本上的内容。这或许远比课文中的文字和我的讲解更有感染力，让孩子们真正达到和作者共情，最终完成情感态度价值观这一教学目标。

在这一年里，我们在校园里同时开展了“芽芽园之一起成长”的主题活动。我利用大课间的时间，带领一、二年级的孩子到芽芽园里给他们讲解了一些种植方面比较浅显的知识，像“植物的生长需要什么”“怎么浇水、多久后再浇水”等。课后，我随机询问发现，有些孩子对于这方面的知识掌握不太好，当时我在心里想，这节课看来上得不是很成功了。

但在上了山林老师的课后我明白了，在自然教育活动中，态度、价值观比知识、技能更重要。于是，我又重新在脑海里复盘了我的那节课，有些孩子虽然对于一些理论知识掌握得不太牢，但是课后他们知道了“不能乱浇水，我们的小芽儿喝多了水也是会撑的，会难受”“土壤不能用手用力去压，不然这些芽芽都没办法呼吸，会死掉的”，等等。平时比较调皮捣蛋的孩子能说出这样的话，我又觉得自己的那节课还是起到作用了。

我们让孩子接触生态种植的主要目的不是为了学习种地技能，而是在动手栽植植物，观察植物之间、植物与动物之间、植物与环境之间的关系来巩固所学的知识、领悟人与自然的关系，并在这些过程中体会生命的神奇、美好等，培育其好奇心，获得滋养身心、环境友好的生活方式。在如今物质条件较好的情况下，有不少孩子都处于“衣来伸手、饭来张口、五谷不分”的状态。芽芽园的开发让孩子们有了认识瓜果蔬菜和飞鸟昆虫以及掌握一些农耕技能的机会，还能感受食物的来之不易，真正明白了古诗中“谁知盘中餐，粒粒皆辛苦”的含义。

我们每个月定期会召集孩子集中观察植物的生长，学习有关种植的小知识，以及让学生或个人或小组完成观察单，等等。孩子通过接触生态种植，巩固了所学的知识、领悟了人与自然的关系，体会生命了的神奇，培养了对自然的热爱。

——学员：张瑶老师

从今年三月开始，孩子参与到学校“芽芽园”的活动中。这段时间里，我明显感受到了孩子的变化。以前，孩子回家完成作业后，便是找我们要手机、平板去打游戏、看视频，但现在孩子完成作业后，会和我们主动分享“今天老师教我们怎么浇水，浇水可有讲究了”“我们的波斯菊开花了”“小番茄好多都成熟了”……前不久，孩子提出想自己在家里种绿植，对此，我们高兴不已。我们希望孩子能够把对电子产品的兴趣逐渐转移到更有意义、更有利于她身心发展的事物上去，也希望学校能多开展这样的自然教育活动，让孩子们真正了解自然、回归自然、尊重自然、热爱自然!

——一（1）班黄曦雯家长

Rather Faire

青科幼“梦想农场”启动仪式

大手牵小手，自然1+1

——20名家长受聘“大农场主”

教育路上，最好的关系是家长支持老师，老师支持孩子，孩子健康成长。家长和老师配合得越好，孩子的教育就越成功。

武汉市青山区实验科技幼儿园的梦想农场，就是这样一个平台，让家、校、老师、孩子紧密相连。

家长们身体力行为孩子们做好示范，热爱劳动、尊重自然的种子在小朋友们的心中生了根、发了芽。孩子们在劳动实践的过程中体验劳动实践内涵，感受劳动的快乐，收获丰厚的知识。

06

参与学生

凃芷茜	凃芷菡	万允惟	苏一墨	杨玖玖
叶　蓁	张暖歆	汪子宸	汪圣洁	徐子涵

参与老师

王　慧　　周瑞翔

学校简介

武汉市青山区实验科技幼儿园创办于1998年，占地面积2100平方米，建筑面积1900平方米，绿化面积300平方米，是湖北省绿色幼儿园、武汉市示范性幼儿园，也是武汉市第一所以科技特色命名的幼儿园。

幼儿园重视校园环境建设，整体布局讲究绿化、美化，呈现灵动、自然的生态环境。走进幼儿园，精心设计的花坛展现四季常青植物，沙、水、石、草、木、藤等元素编织在环境中。铺满鹅卵石的小路上、院墙上神奇的动物壁画、蕴含绿色环保理念的青青蔬果园、快乐沙水区、梦想农场……浓厚的生态文明氛围，将观赏与体验相结合，孩子在感受自然界和谐之美的同时，被绿色环保理念熏陶，真正做到“每一面墙壁都表达情意，每一个角落都传达文明”。

幼儿园制定生态环境教育各项制度，完善《幼儿园垃圾分类制度》《幼儿园用电、用水制度》《幼儿园环境教育制度》等制度，以“生态德育”务实环保教育。通过“环保时装秀”“小小志愿者”“垃圾募集”等活动，提高师生的环保意识，强化环保行为，养成良好的环保习惯。幼儿园将环保教育融入课程，推动特色活动精品化。在每年的“3.12植树节”“3.22节水日”“4.22地球日”“6.5环境日”等环保节日，各班精心组织开展“建绿色青山　伴小树成长”“我与太空种子共成长”“向阳花开——向日葵种植活动”等主题实践活动，形成了“小小河湖长”“我的种植日记”“小小农场主”等系列生态文明教育特色活动。

幼儿园课程将生态环境教育渗透到年度计划和五大领域教学活动，突出生活性、整合性、体验性和互动性，园本课程中的“四小”活动——小创客、小实验、小博士、小创演与环保教育有机联结，充分发掘和利用周边社区资源，整合家长教育力量，关注幼儿真实的生活情境和生活经验，有目的、有计划地实施生态环境教育。

近年来，幼儿园先后荣获“湖北省绿色幼儿园”“武汉市学前教育先进集体”“武汉市绿色幼儿园”“武汉市十二五教科研先进单位”“武汉市幼儿园十佳书香团队”等荣誉称号；2016—2018年连续三年参加武汉市环境表演大赛环保时装秀节目，均获得一等奖；教师撰写的生态环境教育论文在国家、省、市级比赛中获一等奖；指导幼儿参加“2019年环球自然日”科普绘画比赛，获湖北赛区一等奖。

课

课程“人人都是设计师”

设计意图

把课堂搬到小农场，孩子们带上一双眼睛，拿上画笔、白纸进入小农场，记录下属于自己的自然笔记。

亮点

在中班和小班进行自愿报名，招募“小小农场主”（幼儿）和“大农场主”（家长）。

重（难）点

如何引导孩子们从画出心中的农场到种植出心中的农场。

目标

孩子们在设计、播种、浇水、间苗的同时，感受土地的神奇力量、感受生命的顽强。

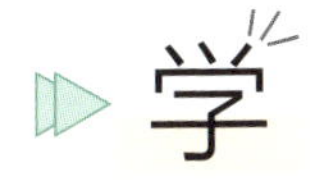

老师开讲

手牵手，同成长

幼儿的灵性需要自然的滋养，大自然是最好的课堂。园长张彤说，作为全国生态文明特色学校和湖北省绿色学校，他们努力做到“无声的环境，有声的教育”。通过亲子种植、社会实践、自然笔记等形式，渗透绿色文明意识，让幼儿发现大自然的奥秘，增进幼儿对自然环境的探索兴趣，促进幼儿生态环保意识的提高。

参加自然导师课植物班以后，青山区实验科技幼儿园创建了自己的“梦想农场”团队。同时，在中班和小班进行自愿报名招募“小小农场主”（幼儿）和“大农场主”（家长），共计招募小农场主26名、大农场主20名。

家、校、老师、孩子的关系越密切，孩子的教育之路就越顺利。

行

小小能手

人人都是设计师，劳动所获最甜蜜

晓来庭户外，草树似依依。一夜东风起，万山春色归。

“我希望小农场里有漂亮的小栅栏”“我想农场里能有小桌子和小椅子，这样我们就可以在小农场里休息啦”“我希望小农场里不仅有植物，还能有可爱的小动物”……小农场主们画出了自己心中农场的模样。

根据孩子们的意愿，青山区实验科技幼儿园专门采购了花箱、栅栏、拱门，并在小农场主们的帮助下，搭建小农场。

农场搭建完成，是时候播种了。可是应该种些什么呢?

孩子们七嘴八舌地发表着自己的想法：萝卜、菠菜、茄子、辣椒、小白菜、小番茄……

确定好要种的蔬菜后，孩子们分组进行播种，有的孩子用手指在土地里戳一个小洞，然后把种子放进去；有的孩子把土拨成一长条，然后种下一排种子；有的孩子将种子随意地播撒。

播种完毕，进入了等待期。由于是户外种植，环境很适合，没过几天，这些蔬菜种子便破土而出。三个月的时间悄然过去，孩子们惊喜地发现小农场里有了重大的变化。青椒、茄子等蔬菜慢慢地成熟了，孩子们欢喜地采摘亲自种下的果实，体验收获的快乐。

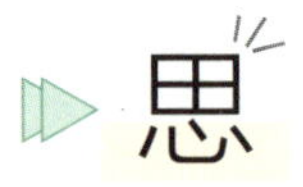

心得感悟

课堂搬到室外，让孩子去发现神奇

大自然就在我们身边尽情呼吸。把课堂搬到小农场，孩子们带上一双眼睛，拿上画笔、白纸进入小农场，记录下属于他们自己的自然笔记写生。小农场发生的任何变化都逃不过孩子们的眼睛，孩子们发现小金橘的叶子掉落了、多肉植物开花了、缠绕生长的紫藤花渐渐包裹住整个拱门、微笑的昆虫也能创造无限惊奇……或三五成群，或独自观察，一幅幅艺术创作蕴含了孩子们的细心发现、用心创作、大胆想象。

孩子们在体验播种、浇水、间苗的同时，感受土地的神奇力量、感受生命的顽强。

——学员：王慧老师

植物在变化，孩子也在变化

报名“小农场主”后，老师给孩子发放了蔬菜种子和种植日记本，孩子回到家兴奋地说：“妈妈，我要开始种小白菜了！”

于是，我们网购的花盆到了后，孩子迫不及待地开始播种。播种浇水过后，我们开始了漫长的等待。

孩子每天从幼儿园回到家，第一件事就是看一看种子的变化，一天、两天、三天……种子迟迟没有动静，孩子有点灰心了。“我的萝卜还能长出来吗？”“别着急，我们再等几天。”又是三天过去，花盆里终于有了动静。那天孩子刚回到家，突然兴奋地大喊：“妈妈，妈妈，你快来看！我的种子发芽了！”说完，他就去找来种植日记本和彩笔开始记录了起来。

孩子的记录虽然只是简单的线条，但是看着他仔细观察、认真投入的样子，让我感受到原来这么简单的种植活动也能给孩子带来这么大的改变。他变得更有耐心、更会观察、更能用简单的符号进行记录。记录完毕后，我帮他写上了日期，他开心极了。

随着时间的推移，小萝卜苗也渐渐长大，孩子看到了植物的变化，我看到了孩子的变化，我们一起记录并感受春天发芽、夏天开花、秋天结果、冬天凋零，将“爱”的种子播撒在每个孩子心中。

希望孩子有更多机会走出教室，走进大自然，认识身边的植物，上一堂保护环境、热爱环境的课。

——学生徐子涵的妈妈

汗滴禾下土

——亲近自然从触摸土壤开始

走进自然，向自然学习。

武昌区新桥幼儿园让幼儿触摸土壤，获得回归自然的乐趣，在自然探索的过程中逐渐成长。老师带领幼儿通过在自然中去认识、去触摸、去感受植物，引导他们尊重生命，热爱生命。

07

参与学生

陈　墨	陈语萱	柏世杰	刘翊莀	陈璟阳
刘雨萱	刘哲睿	甘欣冉	罗子衿	全徐可
罗宸昊	王靖轩	李蕙彤	乐　可	陈绮暄
刘沐蕊	王思齐	赵伟廷	周子芃	李懿博
温德康				

参与老师

黎新怡

学校简介

武昌区新桥幼儿园创办于1982年，前身为解放桥小学附属幼儿园，后于1987年独立。因发展需要，园所于2019年7月搬迁至现址，紧邻鹦鹉洲大桥，目前总建筑面积2000.99平方米，户外活动场地达1272.7平方米。幼儿园是白沙洲老城区开办的第一所教育行政部门举办的幼儿园，先后被评为“武汉市示范性幼儿园”“武汉市绿色学校”，还荣膺全国“巾帼文明示范岗”、湖北省“模范教职工之家”、武汉市“学前教育先进集体”武昌区“最佳文明单位”“师德先进单位”“课程基地园”“课程管理先进单位”等多项殊荣。

在武昌区“绿色教育”理念引领下，为给幼儿提供一个“净化、美化、绿化”的优美环境，让幼儿享受生态、阳光、快乐的自然生活，幼儿园在整体环境打造上体现让幼儿充分地与阳光、水、土地接触的理念，以草、树、花、藤、石、沙、水、木等天然元素“编织”幼儿园的户外环境，并于2021年初完成了顶楼平台

“梦想农场”种植园建设。

幼儿园依托“梦想农场”开展了“亲自然”园本课程研究，先后开展了“是‘根’还是‘茎’？”“挤在一起不好吗？”“地里长出的是果实吗？”“苗苗怎么黄了？”“藤蔓往哪儿爬？”等多个种植体验活动，带给幼儿关于“自然教育”的真实课堂，教会幼儿爱自然、爱人类赖以生存的环境，延伸“以爱育爱、乐享成长”的办园理念。

课

课程“种子是如何破土发芽的”

设计意图

从播种到收获，从发芽到结果，如何让学生对植物生长过程观察与记录，对植物各部分形态和功能进行观察与探究呢？

带着这样一个问题，我开始了课程设计。在玩中学和在亲身体验中主动探索，成为这堂课的两个抓手。

希望通过游戏活动，学生可以将课堂继续下去，在生活中继续进行科学探究。

亮点

1. 情景性与趣味性。

2. 环节设置有张有弛，紧扣目标。

3. 幼儿探索在前，教师引导在后。

目标

1. 乐意了解种子是如何发芽的。

2. 模仿种子发芽后外壳脱落的过程。

重（难）点

在于“教与学”的设置。幼儿先进行自由探索，教师而后才进行视频观看和经验的总结提炼，充分体现了学生的主体性地位。

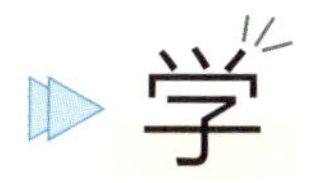

老师开讲

都市幼儿园需要什么样的农场

作为一所城市里的幼儿园，怎样打造一个小农场作为孩子们发现大自然的一个窗口?

因地制宜，这是新桥幼儿园老师首先考虑的工作。他们根据学校的建筑结构，因地制宜开辟出一块区域，光线充足，排水通畅。

植物选择，也是老师们反复权衡并向孩子们传授的知识。从幼儿自身的安全考虑，种植的植物不能选择有害、有刺的。其次，考虑到幼儿的种植水平和动手能力，要选择易存活、易种植的品类，也要便于小朋友们了解它们的生长习性。

当然，种植活动中还要增加趣味性。只有这样，才能调动他们的积极性，增加他们的探索意识，吸引小朋友们踊跃参与。

小小能手

“发芽了，老师！这里也发芽了！”

看着孩子们从最初的不敢踩土，不想触摸土壤，到现在个个争先恐后地施肥、浇水、捉虫、洗菜，老师感到很欣慰——孩子们在与植物、与大自然打交道的过程中成长了，他们对于生命有了新的认识。

有一个场景让指导老师印象十分深刻：那是孩子们亲手播下种子的几天之后，他们结伴到农场浇水，随即一声兴奋的尖叫声传来：“发芽了，老师！这里也发芽了！”急急忙忙，小朋友拉着老师的手，让老师去见证奇迹时刻。

小朋友们对着发芽的植物，招了招手：“hello！小芽芽！”这是多么纯真的感情啊！

自然笔记

我印象最深的就是搭架子的活动。我给番茄和苦瓜都搭了架子，蜜蜂也来给花儿采蜜了。

真开心，我帮助小植物长大啦！

——李蕙彤

我喜欢给小植物浇水。不给他们浇水，土就会干得裂开了，那样小植物就长不大了！

我要天天都给他们浇水，让它们喝得饱饱的！

——甘欣冉

把小种子用土埋起来，过几天就长出来了，我觉得很神奇！

在间苗的时候，我负责运输和洗。小苗苗太挤了，幸好队员把它们拔了出来，我把小苗洗得很干净！

——乐可

间苗活动让我非常开心。

我和小伙伴一起，给小白菜的生长腾地方，因为太多苗苗挤在一起会抢营养，那它们都长不好了。我在间苗小队里拔出了很多小的、发黄的苗，感觉大苗苗长得更好啦！我非常开心！

——陈语萱

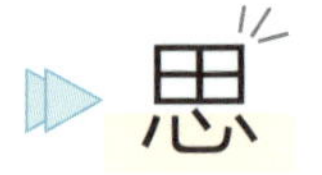

心得感悟

孩子离自然越近，就会越爱它

自然教育活动设计培训中，对于设计感的交流，让我对活动设计有了“灵光一现”的收获。在山林老师指导下以及研读国内外自然教育活动实例后，我真切地感受到了一个优秀的自然教育活动设计一定是能充分调动学生的主动性的，一定是有“灵魂般”的目标的，一定是能在趣味、自主探究、评价中得到升华的。例如，在我印象深刻的案例“生物闪电战”中，教师设计了摸底测试—调查、分组讨论—检查计划—实地操练—分享总结等一系列环节，而我却被第一个环节“摸底测试”吸引了眼球，因为这个摸底测试的特别之处在于教师并未像普通测试那样写完卷子批改、公布分数和答案，而是不公布答案，让学生自己在书籍、网络中寻找，再通过讨论和检验，让学生彻头彻尾地掌握，充分体现了学生的自主性——答案不是老师给的，兴趣也不是老师硬塞的。我对哪种生物的哪些特征感兴趣，自然挖空心思也想找到答案，并且在随后的讨论和实操、检验中一步步升华，由此有了全面系统的认识，收集信息、分析资料、对比探究等能力也在不知不觉中提升了，设计感带来的绝不是博人眼球的新奇，更是让活动“活起来”的影响力。

我从一个从未真正意义上种植过植物的城市女孩到一个天天泡在农场里与植物做伴的“农场主”，有着太多的感悟与收获。在与梦想农场的植物相伴的150天里，我感觉植物是那么的坚韧，坚韧在被风儿、鸟儿裹挟到遥远的地方，仍然能生根、发芽；坚韧在它可以穿破各种硬硬的壳，顶开我们楼顶那贫瘠的土地，昂扬生长；坚韧在即使在9级大风的考验下，它那纤细的茎依然顽强地攀附在架子上。

植物又是那么脆弱，没有了人工捉虫、药物帮助，小青虫会把菜叶啃出洞洞；没有架子的帮助，番茄、苦瓜会东倒西歪，果实少得可怜；没有炎热夏季早晚两次的坚持浇水，植物们会奄奄一息；没有了人工帮助，丝瓜、黄瓜会任性地长得歪歪扭扭……

在自然教育活动实践中，我收获最大的则是感受到了孩子们对于植物生长的那一颗纯真的心。带孩子们参与自然教育活动的过程中，印象最深刻的便是孩子们在活动中对植物的“帮助”，从亲眼看到植物从一粒粒小种子里伸出了芽，到亲手将它种进土里，为它松土、浇水、施肥、捉虫，孩子们时时牵挂着农场里的植物，尤其关注堆肥环节。堆肥是一个漫长、辛苦的劳作，却是在种植活动中孩子们抢着做的一件事。每当午饭后，孩子们大口地扒着饭，想要争取这个“给植物运送肥料”的任务。

我们是大自然中的一分子，如果大自然被严重破坏，那么人类也将走向灭亡。走近自然、了解自然是保护自然的第一步，自然教育不仅能够帮助孩子们了解人类与自然的关系，感恩自然，而且能教会孩子尊重生命，敬畏生命。同

时，自然教育是一个多学科的综合教育，各个学科、各个年龄段都可以找到相应的内容来开展活动，无论是语文、科学，抑或是数学、美术。需要注意的是，活动设计需要以本专业的专业知识和能力培养为出发点，例如，进行美术自然教育活动“叶子拓印”，那么活动目标的设计就应定位在“手工能力”“想象创作”的方面，而不是因为树叶这个元素的出现，将活动重心偏离到“单子叶、双子叶”或“常绿树木、落叶树木”上。

自然教育的目的本不是强加给学生理念和灌输知识，而是希望学生在体验和感受中理解自然、爱自然。因此，课程资源可以通过教师对学生日常的观察（或者一些课外实践活动），发现他们的兴趣点所在之处，再与原定的教学目标进行巧妙结合，从学生中寻找灵感。例如，在农场日常浇水时间段，孩子们发现先前土里就有的洋葱坨子结果了，一致认为土下紫色的洋葱就是洋葱的果实，于是教师生成了一次“变态茎”的活动，孩子们因兴趣而产生问题，因问题而产生学习的主动性，在亲身播种块茎、球茎植物后，明白了不同的“茎”；在了解多样的繁殖方式后，感受到植物的多样与神奇。

总之，只有尽可能地和自然亲密接触，才能真正发自内心地想要去保护它。

——学员：黎新怡老师

现在城市化进度快，孩子们平时很难有机会亲身体验农场的乐趣，很感谢幼儿园给孩子们创造了这样一个承载着梦想的农场。

一开始，可可并不喜欢农场活动，觉得脏、累。但随着活动的深入，认领种子、浇水、培育出小小生命，可可对农场的植物产生了感情，甚至在家时也惦记着自己种的小番茄。

孩子们在亲身实践的过程中，学习了自然常识，增进了友情，培养了责任感，最最重要的是孩子们从中体味到了快乐！

——学生乐可的妈妈

自从学校开展梦想农场以来，萱萱对各种植物就特别感兴趣，常常问我为什么种子会发芽，为什么有的种子长得高、有的种子长得矮，为什么会有杂草……在学校参加农场的各种活动也特别积极，播种、浇花，每天观察它们的成长，学到了不少知识！

梦想农场不光是梦想开启的地方，也是陪伴孩子成长的后花园。它让孩子们越来越自信，越来越阳光。我能想象孩子在农场干活时的场景：有的用手拔，有的拿小铲子铲，还有的拿着耙子把已经拔掉的野草聚拢起来，移到种植区外边。

梦想农场寄托着孩子美好的梦想，愿美好的梦想在孩子们心中像这些种子一样向着阳光自然生长！

——学生陈语萱的妈妈

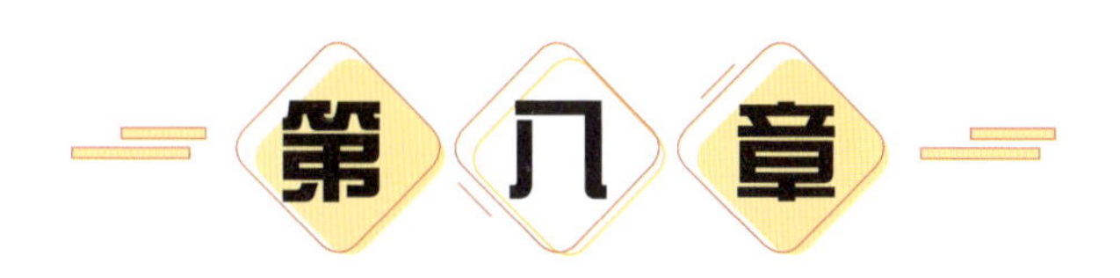

小小农夫变形记

——种植活动变课程

随着新课程改革的不断深化和素质教育的不断发展，社会越来越关注幼儿的全面教育。

种植活动，不单单是一项科学性的实验活动，对于幼儿来说，更是一项综合性的自然教育活动。

08

参与学生

李雨桐　　贺立言　　徐乔楚　　冯心一　　王思靖轩
罗庆宇

参与老师

杨佳惠

学校简介

武昌区长江紫都幼儿园成立于2015年，是武汉市一级幼儿园，位于中大长江紫都小区四期紫荆苑旁，毗邻长江，环境优美，绿化完善。全园占地面积3780平方米，建筑面积2730平方米，户外面积1650平方米，绿化面积为800平方米。幼儿园以“乐玩文化”为引领，挖掘“在生活中发展，在游戏中成长”的文化内涵，营造乐玩环境、打造乐育团队、构建乐玩课程、孕育乐玩儿童，探索创建“乐玩”教育品牌特色。区别于其他幼儿园的大面积操场，长江紫都幼儿园的后花园从环保和绿色的角度来看，都是幼儿天然的活动室，旨在引导幼儿喜欢自然、探索自然，从而理解环保的重要意义，全面实现“真情景、全体验、能自主、乐成长”的教育目标，努力构建了一所“好玩”的幼儿园。

课

课程“怎样成为种植小能手”

设计意图

幼儿对自然界里的事物都有天生的好奇心，而大班幼儿对自己感兴趣的问题喜欢刨根问底。《3～6岁儿童学习与发展指南》中提出：“要充分尊重和保护幼儿的好奇心和学习兴趣，帮助幼儿逐步养成积极主动、认真专注、不怕困难、敢于探究和尝试、乐于想象和创造等良好学习品质。”基于孩子们的问题、兴趣和大班幼儿的年龄特点，设计了此活动，旨在通过孩子们的亲手劳作、观察、记录，引导幼儿了解生命的成长，使幼儿体验相互合作并一起探索发现的乐趣。

亮点

在整个活动实施的过程中，以孩子为中心，以孩子的兴趣为指向标，以孩子的探索发现为重点，让孩子们自主、自由、自信地投入到植物的种植中。

目标

1. 学生能积极参与，激起对探索自然的兴趣。

2. 能认真观察、记录，并大胆表达自己的发现。

重（难）点

鼓励幼儿进行思考并提出问题，让幼儿在自我思考的过程中对问题进行理解与剖析。作为教师暴露了一些知识短板，在教学中要掌握更多的知识才能引导幼儿。

老师开讲

在收获里感悟成长

长江紫都幼儿园梦想农场种植团队，由梦想农场“自然导师课”（植物班）参与导师——杨佳惠老师带队，主要选择了中大班幼儿，其中包括李雨桐、贺立言、徐乔楚等3名中班幼儿，冯心一、王思靖轩、罗庆宇等3名大班幼儿。

学校将种植活动变成课程，从课程设计入手，不断更新观念，融入游戏力、创新力和设计感等元素。

在梦想农场实施过程中，导师指导幼儿长期观察、亲自管理、动手操作，与孩子们一同感受、学习，让大家接触自然，关注植物，感受生命的成长。发现从一粒种子开始，引导孩子们观察植物的生长过程，注意其细节变化，全程做好植物的生长记录，更能使孩子们知道植物生长的不易和保护它们生长的艰辛，同时也更能感受种植失败时的伤悲和收获时的喜悦，他们会更加自觉地关心身边的花草树木，关注它们的生长环境。

行

小小能手

小种植有大体验

我做“农场主”啦！

坚持照顾

——小小种植“体验员”

老师，怎么
育苗？种子
撒下去就能
发芽吗？
老师，怎
么松土？
老师，
为什么
要拔草？
老师，老师，
老师……

不会种
我来种
合作种

坚持观察
——小小问题“捕捉员”

为什么辣椒种子发芽就直接长出叶子，豇豆发芽后怎么还有豆瓣呢？
为什么四季豆的叶子可以粘在衣服上而豇豆的叶子却不行呢？

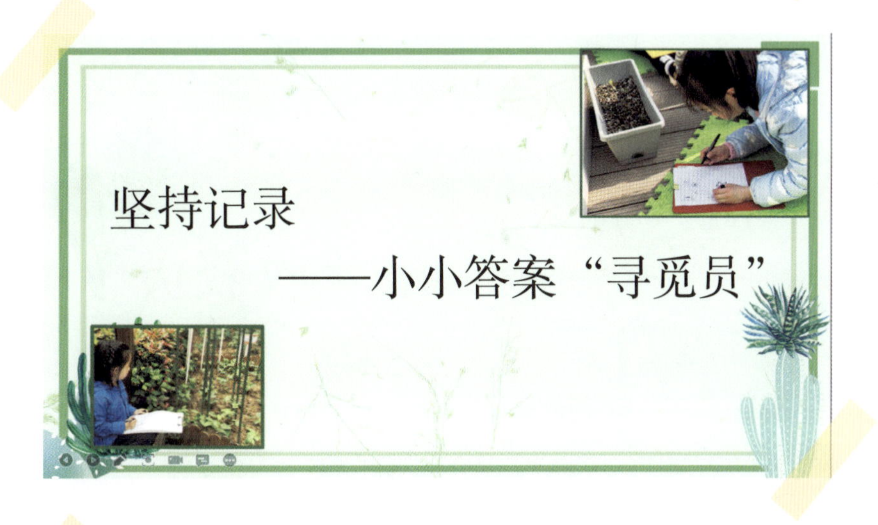
坚持记录
——小小答案“寻觅员”

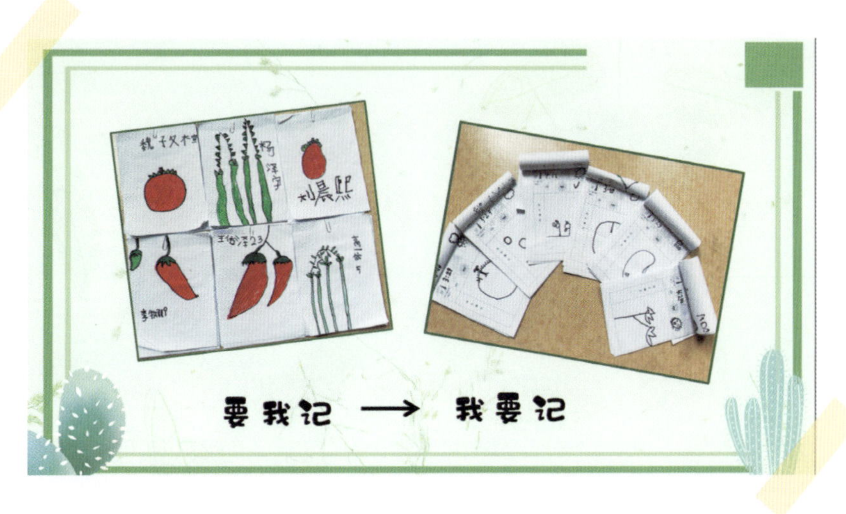
要我记 ⟶ 我要记

小种植拥有大体验
坚持观察、记录

采摘、品尝
——小小成长“收获员”

自己种的四季豆太好吃啦！

自然笔记

自然笔记
向日葵
向日葵别名：朝阳花、向阳花
用途：观赏、食用、药用
长叶
现蕾
萌芽
开花
成熟
舌状花
管状花
播种
观察者
冯心一

自然笔记
辣椒成长记
时间：2021.4
1.育苗
2.发芽
3.生长
4.开花
5.结果

自然笔记

自然笔记。

开黄花后
结出的果实^^
自然笔记
我们一起播下种子
2021.4.10
种子发芽啦!
2021.4.16.
每天都带它晒太阳!
及时的提供甘甜的井水!
下大雨我把它移到室内
移入大盆中
补充营养土!
2021.4.22
它长得好高了!!!
2021.5.8.
小樱桃番茄种植!

自然笔记
—牵牛花的生长
幼五班
李雨桐
1. 黑色的牵牛花种子埋在土里,种子又黑又小
2. 到了浇水的时间了,种子快快发芽
3. 把花盆搬到外面去晒太阳了,来个阳光浴吧
4. 种子发芽了,刚发出来的两片小叶子就像是只蝴蝶,是不是很好看呢
5. 蝴蝶形状的小叶子慢慢小,冒出了新的叶子,这次的小叶子变成了爱心形状的 它长的很快 每天去看都有变化 它又长高了
6. 叶子变得越来越壮,它继续开花散叶,慢慢地长出了花骨朵

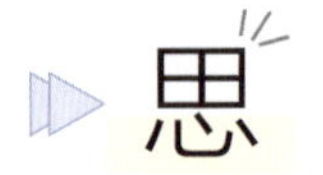

心得感悟

这是一段奇妙的经历

参加梦想农场活动，让我收获颇多，如果要用一个词来形容，我愿意用“奇妙”来形容这段经历，在机缘巧合下，我遇到了这样一群亲自然、爱自然的人。

在种植实操上，了解了种植的原理，认识土壤、堆肥，让原本种什么植物都不活的人，现在变得愿意去尝试，并且带着孩子去尝试，动手、动脑设计课程，和孩子们一同感受自然的魅力。在自然教育的课程设计上，了解到自然教育是幼儿园科学教育的一个分支，但是又包含了其他领域的教育，与自己原有的观念相通但是又有不同，在自然教育课程设计上我变得更愿意去多想、多做。通过培训，更是在设计活动的过程中牢记为了谁？为什么？怎样去做？那就是以幼儿为主体，让幼儿亲身探索、感受自然。在实践中，我充分利用幼儿园周边的自然资源，坚持引导幼儿通过观察、比较、记录等方法，让幼儿在实践中获得知识技能，激发其热爱自然的情感。

幼儿天性好奇，自然中的事物变化万千，通过对自然的探究，可以获得丰富的感性经验，并且充分发展形象思维，而作为成人要善于保护幼儿的好奇心、探究欲，老师要充分利用自然，帮助幼儿不断积累经验，形成终身受益的态度和能力。这正是我们要开展自然教育的原因。

在活动内容的选择上，要符合幼儿的年龄特点，选择幼儿感兴趣的，这样才能让他们自己主动去发现问题、提出问题、解决问题，让幼儿真正成为课程的主人，体现幼儿在活动中的主体性。

总之，自然教育是一种有温度、有情感的活动，幼儿在参与自然教育的过程中，收获的不只是能力和知识，还有情感和态度。感谢有这段经历，感谢相遇！

——学员：杨佳惠老师

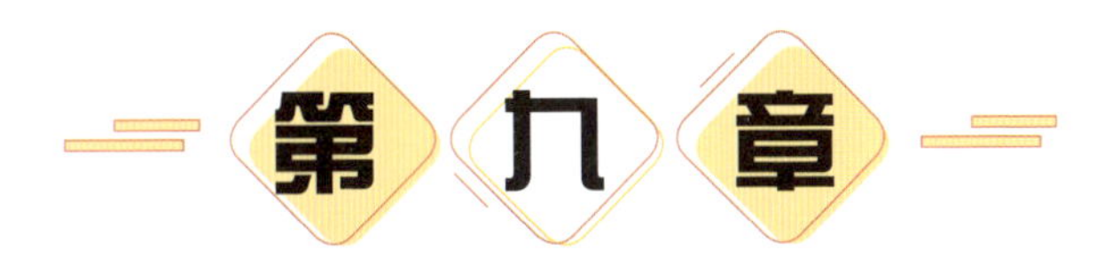

校园生态“奇葩说”

——高中生不能缺席自然教育

作为梦想农场唯一中学段的参与者，我们想说，自然教育不能只停留在低学段，在高中这个学生形成世界观、人生观、价值观的重要阶段，自然教育和劳动教育更是不可或缺。

这，就是武汉市第十四中学参加此次活动的原因，也是该校一直贯彻的绿色办学理念。

参与学生

黄圣迪　　章辰欣　　田钰鑫　　张　瑞　　董博文
陈峻毅　　杨珺申　　万子文　　彭　珂　　胡杰琛
刘心怡　　卫　鑫

参与老师

朱　滔　　周　莹

学校简介

武汉市第十四中学是省级重点高中，历史厚重的百年名校，发轫于清光绪二十九年（1903年）张之洞创办的东路小学堂和文普通中学堂，1912年更名为湖北省立第一中学，后数易其名，1955年定名为武汉市第十四中学，1961年跻身湖北省首批重点中学，2004年成为湖北省示范高中。

学校坐落于凤凰山南麓，昙华林历史文化街区东端，占地8.1万平方米，分为教学区、运动区、生活区三部分，区域布局合理，互不干扰，毗邻湖北省中医药大学、湖北美术学院，文化氛围浓厚。学校拥有花草树木达100多种，绿化程度达100%，绿地面积54700平方米，绿化覆盖率为67.5%，相继荣获“湖北省园林式学校”和“武汉市园林示范学校”称号。校内草木葱茏，鸟鸣啁啾，环境幽雅，闹中取静，被誉为都市“天然氧吧”。

学校教育教学设施齐全，配备有400米标准跑道运动场、天然草坪的标准足球场、达Ⅰ类标准的理化生数字化实验室、宽敞明亮的音乐室、功能齐全的形体室、色彩亮丽的心理教室、现代化的心理疏导室和全市高中唯一的天文观测台，为多元育人提供了广阔的发展平台。

学校秉承绿色教育理念，近三年来，先后获得“湖北省卫生先进单位”“湖北省语言文字示范学校”“湖北省科技创新实验学校”“2016—2017年度市级文明单位”“武汉市绿色学校”“武昌区最佳文明单位”“武昌区平安校园”“武昌区治安工作先进单位”“武昌区规范教育管理先进单位”等殊荣。

课

课程“梦想农场设计”

设计意图

培养学生理论联系实际的能力，锻炼学生的动手实践能力，深化学生的综合思维能力。

亮点

突出体现了学生的主体地位，不论是前期活动测量还是中期设计稿设计，还是后期投票选出最优设计稿，都充分尊重了学生的意愿，体现学生是活动的主体。

重（难）点

重点：了解农场设计的一般方法。

难点：设计一份可操作性强的农场设计方案。

目标

1. 通过实地测量农场地块，培养学生的实践动手和合作探究能力。

2. 参考别人优秀设计稿的基础上，融入自己的理解与思考，深化综合思维能力。

3. 通过不断优化修改自己的设计稿提高学生的审美能力。

4. 通过自然教育来培养学生的人地协调观。

老师开讲

学生当主角，老师当配角

在不少家长乃至学生眼中，进入中学阶段后，学业才是最重要的。但是，在武汉市第十四中学的老师们看来，综合素质的培养才是最重要的。

怎样才能激发学生们的兴趣与积极性呢？几经探索，他们找到了答案：让自然成为学生的老师！我们都知道，创新、协调、绿色、开放、共享五大发展理念，就像五个手指，对于生态建设而言，缺一不可，又相辅相成。充分发扬绿色发展理念，将绿色发展理念贯穿经济发展的全过程，让绿水青山就是金山银山的理念充分体现，我国的绿色发展潜力将汇集成强大的力量，促进社会和谐、稳定、健康发展。

而在校园梦想农场建设的具体实施过程中，老师大胆放手，充分发挥了学生的主观能动性。为了搞好校园的梦想农场，老师先讲解了植株成长所必需的五大要素：光、热、水、土、肥，并以武汉的亚热带季风气候为例，分析适合植物生长的环境。随后，学生根据老师的讲解，在校园里选出了A、B两个地块作为农场的备选地块。通过分组测量、讨论后，分组动手绘制出了农场的平面设计图，最终通过公平投票确定了最终设计方案稿。整个设计稿的实施方案，学生是主体，老师是配角，主要起释疑解惑的作用。

校园农场建设活动，能让学生学会农耕种植的相关知识，拥有一个很好的渠道更全面地认识、了解自然，以亲自实践的形式从中明白生态建设的重要性，从而建设更美丽的中国。对于中学生来说，这是非常宝贵的一课。

行

小小能手

校园农场版“奇葩说”大辩论

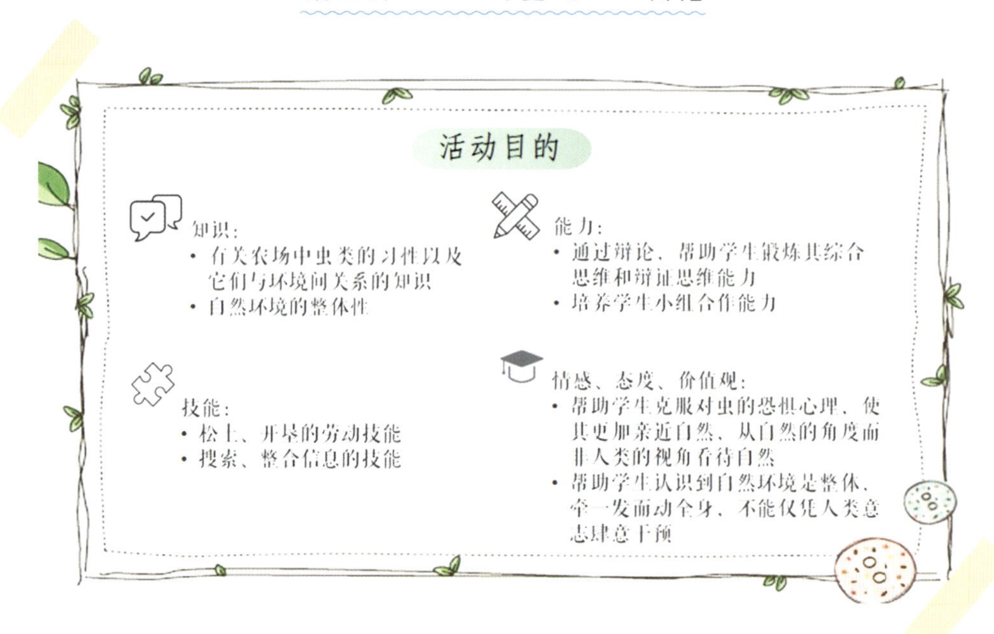

活动目的

知识：
- 有关农场中虫类的习性以及它们与环境间关系的知识
- 自然环境的整体性

能力：
- 通过辩论，帮助学生锻炼其综合思维和辩证思维能力
- 培养学生小组合作能力

技能：
- 松土、开垦的劳动技能
- 搜索、整合信息的技能

情感、态度、价值观：
- 帮助学生克服对虫的恐惧心理，使其更加亲近自然，从自然的角度而非人类的视角看待自然
- 帮助学生认识到自然环境是整体，牵一发而动全身，不能仅凭人类意志肆意干预

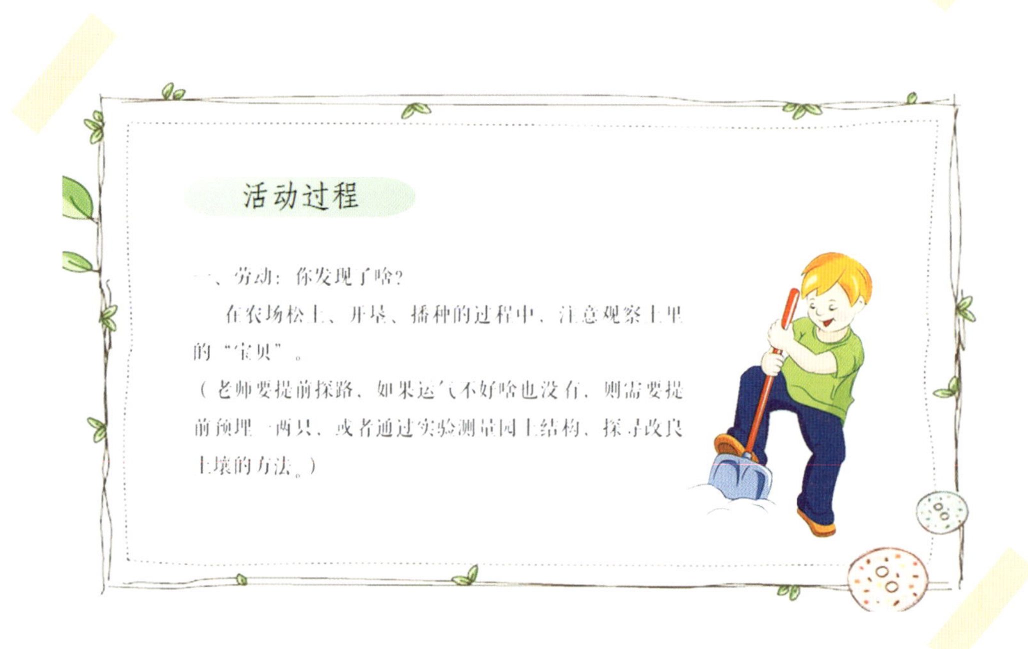

活动过程

一、劳动：你发现了啥？

在农场松土、开垦、播种的过程中，注意观察土里的“宝贝”。

（老师要提前探路，如果运气不好啥也没有，则需要提前预埋一两只，或者通过实验测量园土结构，探寻改良土壤的方法。）

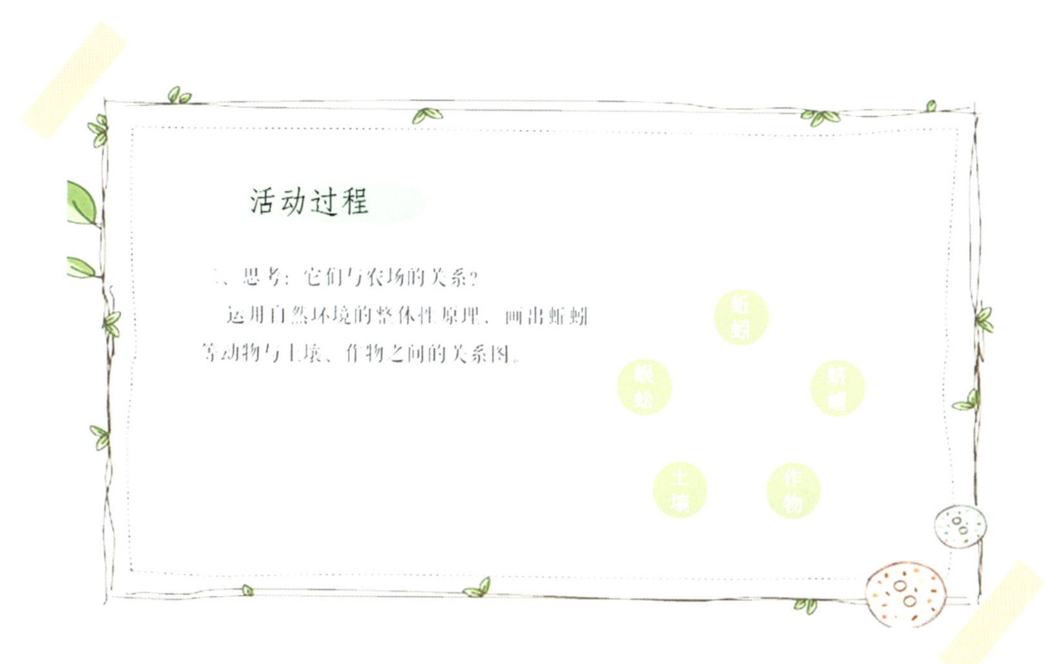
活动过程
一、思考：它们与农场的关系？
运用自然环境的整体性原理，画出蚯蚓等动物与土壤、作物之间的关系图。
蚯蚓
蜈蚣
土壤
作物

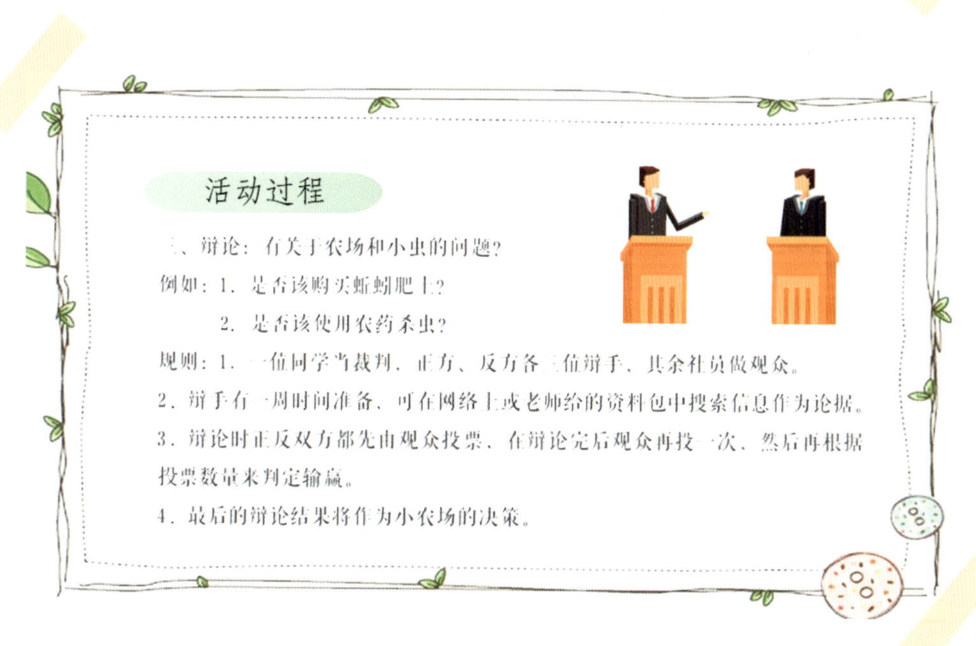
活动过程
二、辩论：有关于农场和小虫的问题？
例如：1．是否该购买蚯蚓肥土？
2．是否该使用农药杀虫？
规则：1．一位同学当裁判，正方、反方各三位辩手，其余社员做观众。
2．辩手有一周时间准备，可在网络上或老师给的资料包中搜索信息作为论据。
3．辩论时正反双方都先由观众投票，在辩论完后观众再投一次，然后再根据投票数量来判定输赢。
4．最后的辩论结果将作为小农场的决策。

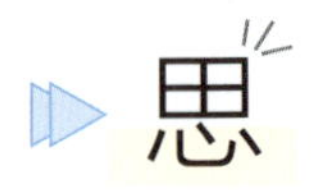

心得感悟

沿着这条路，一直走下去

“梦想农场”活动是本学期海梦环保社开展的一项重要活动，从一开始的茫然无措，到后来和学生一起品尝收获的喜悦，在这个过程中，通过学习和摸索，我也积累了一定的农作物生产经验。

作为一名地理老师，我在教学过程中对于农业生产的理论知识有一定的了解，可惜一直没有机会应用于实践，而新高考又非常强调学生的地理实践能力。所以，我也从一个学生的角色出发，每周五去沙湖旁听庞静老师的“自然导师课”（植物班）课程，也在她的小农场里学习种植的相关知识，回来后和学生一起种植。

要说给我留下最深印象的莫过于种植实操时的摘心、摘果和摘除腋芽了。所谓“摘心”，就是生物课上所说的去除顶端优势，促进侧芽生长，可以让植株更茂盛，在种豌豆的过程中我掐过一次，还怕它再也不长了，后面就任其生长了；“摘果”在我这个初学者眼里就更“残忍”了，趁着果实还没长大的时候，将变形或者较小的果实摘下来，可以让留下来的“精锐”果实得到充分的养分，使其长得更壮实、更美味；“摘除腋芽”可以防止腋芽吸取养分，我的豌豆腋芽个个茂盛，难怪营养跟不上，找到问题后我掐掉了豌豆底部的叶片还有几乎所有的腋芽，在此之后果然结了好几个豌豆荚。原来，种菜时“欲扬”要“先抑”，“欲纵”要“先擒”啊！只顾眼前的小确幸就无法获得最后的大丰收——这自然的道理不仅在教学里，在社会中也一样受用呀！

自然教育活动设计培训打开了我对活动课程形式设计的思路：在设计时可以加入更多动手操作的体验性活动；活动需要将主题与你的教学对象联系起来去设计内容，要让学生感受到主题与自己的关系，才会感兴趣，想去了解；要培养学生的情感态度价值观，需要不断完善自己的认知水平，形成自己的价值观，并体现在活动时老师的一言一行中，这样才能真的影响到孩子们。

还有一个最大的感悟，就是要慢下来。虽然好的活动设计一定是目的明确，各环节紧扣目标的，但在实施过程中一定要慢下心来。这真的很难做到，在实际教学中我总想着快快快，结果以为干货满满的课堂，其实学生能接受的微乎其微；或者逼自己慢慢慢，结果进度是慢了，其实一节课啥也没做。还需要修炼啊！

从个人的角度来看，人本身就具有亲自然性，而当今的城市生活把孩子们包裹在了钢筋、水泥和塑料中。自然教育让孩子们重新走入身边的自然，顺应了孩子的天性，有利于个人身心的健全发展。从社会发展的角度来看，自然教育能让孩子们在与自然的相处过程中，形成人与自然和谐相处的人地观念，在他们走入社会后，能更好地为社会的可持续发展作贡献。我，作为一名中学老师，愿意在自然教育这条路上一直走下去。

——学员：周莹老师

在本学期的社团活动中，我们在小规模的菜园尝试中体会到了别样的乐趣与成长。

我们从场地选择到田地布置，体会到了在种地前期准备过程的艰辛；我们在除虫等过程中，用自己的亲身实践，体会到与自然接触和亲近的乐趣，体悟了生命成长的奥秘；我们在丰收采摘的过程中，体会到劳动的美好。

那些在小园地中流下汗水的日子，时光在深处默默记录，最终用丰收的喜悦记录下永恒。这样的经历对于繁忙的高中时代来说实属难得，也正是难得才更值得去记忆与回味。

——高一（4）班学生田钰鑫

这次种植蔬菜的实践活动，让我体会到了栽培植物的乐趣和亲自劳动后收获成果的成就感。

我和其他社员们在阳光下翻地、除草、种植，看着作物渐渐成长，整个过程中虽然遇到过一些小困难，但我更多地感受到的是新奇、有趣。经过这次实践活动，我更加热爱劳动、热爱自然了。同时，我也体会到了农民伯伯们的不易。我们一定要珍惜粮食，珍惜农民们来之不易的劳动果实。

——高一（4）班学生杨珺申

武汉市育才行知小学
三(5)班

亦花亦树亦菜圃

——家长学生共享采摘节

小小天台绿意新。

武汉市育才行知小学利用学校闲置的楼顶，建立生态科普教育实践基地，结合生态化、景观化、教育化的原则，分区、分层次、分设施设置种植区域。

几番耕耘，天台到了收获季。学生家长、抗疫警察、白衣天使、社区志愿者代表等，受邀参加采摘节。

在绿意盎然中，最美战“疫”人身体和心灵都得到了放松，而农场的小主人们，也在接受自然教育的同时，又接受了一次精神洗礼。

10

参与学生

尹博文　　周奕泽　　艾　颀　　吴奕霏　　武玥晗
何紫妍　　余子涵　　朱珈鸿　　韩欣彤　　朱雨萱
丁娅婷　　易哲熙　　倪可儿　　杨钧涵　　王奕晗
齐　优　　肖逸航　　王梓涵　　李宇轩　　黄子睿
唐浩淼　等

参与老师

唐　江　　甘慧林　　朱婕倩　　鲁维佳　　刘　莎
周丽秋　　乔丝丝　　李悦萌

学校简介

武汉市育才行知小学始建于2005年9月，原校名为“武汉市育才二小国际部”，位于江岸区后湖正义路，是江岸区优质教育链在后湖新区的一所公办学校参与举办的民办性质学校，2009年更名为“武汉育二汉口小学”，2011年9月学校由“公参民”学校回归公办，并正式更名为“武汉市育才行知小学”。

创办以来，学校按照“一个目标、两项改革、三支队伍、四化建设”的规划蓝图，以树特色、创品牌为核心，以质量强校、科研兴校、特色名校为目标，抢抓机遇，创建为高起点、高质量、高速度的特色品牌学校，现为湖北省首家“中国陶行知研究会实验学校”“全国校园文化建设实验基地”。

“解放儿童的双手，让小孩子有动手机会，使他们能干；解放儿童的眼睛，让他们能看；解放儿童的嘴，让他们能说；解放儿童的空间，让他们到大自然中去，让他们到社会中去。”作为一所以陶行知教育思想命名的学校，育才行知小学的校园里和课堂上，处处可见陶行知教育思想的智慧火花。学校十分重视自然教育，千余平方米的校园楼顶被巧妙利用起来，变身“空中生态科普基地”，不仅可以作为学生亲近自然、了解种植的课堂，而且不定期开展的义卖更充实了学校的“爱心基金”。

课

课程“学校生态科普基地”

设计意图

让自然教育真正成为学生身边的事情，让自然教育成为学生的日常。

亮点

举行“采摘节”，邀请部分家长到现场，他们中有武汉市“最美一线”抗疫夫妻，荆楚“十大爱民”警察，江岸最美抗疫志愿者（退役军人），雷神山、火神山建设者等。

重（难）点

本来只是8个班的田块，结果其他39个班也踊跃加入，低年级要观赏，中高年级要动手，学校只好以8个实验班牵头，其他班结队，分种植、管理、采收、维护等不同的时段实际操作，真正做到了生态科普基地面向全体学生。

目标

1. 通过参与科普基地的建设，了解科学知识。

2. 让孩子们更加珍爱自然生命，萌发保持科学态度的种子。

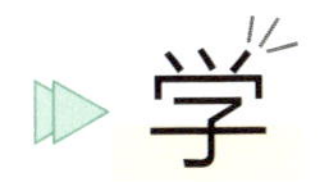

老师开讲

植在“空中”，园于“心中”

武汉市育才行知小学“空中生态科普基地”创建于2012年2月，至今已有近十个年头。创建之初，学校以陶行知先生的“生活即教育”的思想做引领，紧紧围绕“培育创造之花，启迪博爱人生”的办学理念，植根于教育，面向全体学生，着眼于学生的发展，创建动手动脑的平台。“空中生态科普基地”也在两年后，从原来的300平方米，迅速拓展到1200平方米。

目前，“空中生态科普基地”已经成为孩子们亲近自然、学习种植、了解中医药、提升综合素养的园地，成为学校生活教育创新的阵地。今年，学校依托“空中生态科普基地”，确定了8个劳动教育实验班，分别领养了基地的所有田块。在这里，同学们亲近土壤、种植植物、观察昆虫，与伙伴合作劳动，了解自然奥秘、自己动手操作、动脑发现，呈现了一个原生态的参考式、体验式、创新式的学习场景。

为了让自然教育真正成为学生身边的事情，学校正在考虑以学生领养的方式，将自然教育的课题带回家、带到社区，让自然教育成为学生的日常。

小小能手

举办采摘节，果蔬赠父母

“这是我们班同学一起种植的苋菜，它是一种营养价值很高的蔬菜，有红色和白色的。我喜欢红色的，取一些嫩叶和大蒜一起爆炒，会炒出红色的汤汁，我喜欢用它泡饭吃，可好吃了。”

5月27日，学校举行“采摘节”，三（3）班的徐君泽同学向前来参观并采摘的家长介绍自班种植的蔬菜时，脸上满是骄傲和自豪——这些都是他们的劳动成果，是同学们自己亲手种下的。每周，他都会和小伙伴们在老师的带领下来这个“空中生态科普基地”看看，有时除除杂草、有时浇浇水，时刻观察“责任田”的蔬菜长势。

“看到自己播下的种子慢慢发芽生长，都特别激动。”当天，三（3）班的杨瑞涵同学是茄子区域的讲解员，“茄子发出的新芽有白色的、紫色的，播种时种子不能埋得太深或太浅，深了会腐烂，浅了发不了芽，要沿着根茎周围用喷洒的方式灌溉……”杨瑞涵说，要把茄子种好，里面还有不少学问。

亲自播种、浇水、锄草，也让同学们对大自然多了一分敬畏，学到了平时在课本上学不到的知识。杨瑞涵说，通过自己的努力，看到种子破土发芽、生长、开花、结果，她悟出了做事要坚持不懈的道理。“我们也应该更珍惜粮食，因为农民伯伯培育每一颗种子从发芽到结出果实都很不容易。”

活动现场，学校还邀请了部分家长到现场，他们中有武汉市“最美一线”抗疫夫妻，荆楚“十大爱民”警察，江岸最美抗疫志愿者（退役军人），雷神山、火神山建设者等。作为家长的他们，看到孩子们的“大丰收”，个个脸上笑开了花。

此前，同学们还将自己收获的瓜果蔬菜拿出义卖，并成立了“童心生花基金”，将筹集的爱心资金捐给了儿童医院，帮助有需要的孩子们。

能够参加梦想农场的自然教育活动，跟着有专业认知的老师学习，和一群热爱大自然的同伴们一起探索，对我来说是一次十分珍贵的机会，能够将学习和领悟到的知识传递给学生们更是一种幸运。

在钢筋混凝土围绕的城市里，武汉市育才行知小学有着一片供孩子们释放天性的自然乐园——空中生态科普基地。每次带领学生们走向大自然，他们的各种感官都开始展开，好奇心和无边的兴趣都开始上线。从没见过的虫子或蝴蝶，从没看到过的植物或花朵，可以玩的泥巴，可以吃的瓜果蔬菜，可以捡拾的美丽叶子，当然还有叽叽喳喳的小鸟，等等，这鲜活的一切，都是学生们可以热情参与的内容和最好的玩伴。学生们的求知热情自然而然地被激活，能享受户外的时光，能自己去观察、去触碰、去好奇的发现、去热情的追问，保持主动式学习，并且能把笑脸写给全世界，这是我们作为自然教育者能送给孩子们的最好的礼物，也是我们做自然教育的最大目标和愿景！

教育学家苏霍姆林斯基说过："儿童的智力在他的指尖上。"美国华盛顿儿童博物馆墙上有句这样的格言："我听见了就忘记了，我看见了就记住了，我做了就理解了。"因此学校也鼓励各班在空中生态科普基地认领责任田，旨在为学子们提供独特的发现和学习机会。

生态科普基地不仅是一个大型的绿色秘密花园，更是给予孩子们一个认识自然的机会。在这里，他们不是旁观者，而是参与者，是这片土地的主人翁，不仅可以培养学生们对植物和环境的喜爱，也有利于提高他们解决问题的能力和动手能力。

通过一系列的自然教育活动，旨在让孩子们尽快懂得：自然教育不仅仅只是和大自然的关系，也是我们和世界的关系、和他人的关系，大自然给了我们很多奥秘，只等我们去探索。

——学员：唐江老师

学校的空中生态科普基地居住着许许多多可爱的植物们，有的是学生用稚嫩的小手亲自播种的，有的是老师精心培养长大的，各种各样，应有尽有。

上周，许多"明星"进入空中生态园参观植物们：最美抗疫警察、最美抗疫"白衣天使"、社区志愿者……他们跟随小讲解员们的精彩演讲四处参观。绿油油的空心菜立在湿润的泥土中；电话线般的葫芦藤爬上了架，开出淡黄色的花；青绿的黄瓜吊在枝上；南瓜倚在架旁，花纹杂乱却耐看……它们是大自然的馈赠，是大自然送给人间的礼物，无论美丑，都是大自然的心意。大家开心地采摘着，像是庆丰收。最高兴的，当然是我们自己了。

——五（5）班学生沈之畅

在学校的空中生态科普基地，我们可以播种、浇水、施肥、采摘，见证植物从无到有的神奇生长过程，有不一样的劳动体验。种下果蔬的种子，也种下心中的希望，摘取果蔬的果实，就是收获成果。

——五（5）班学生梁煜婷

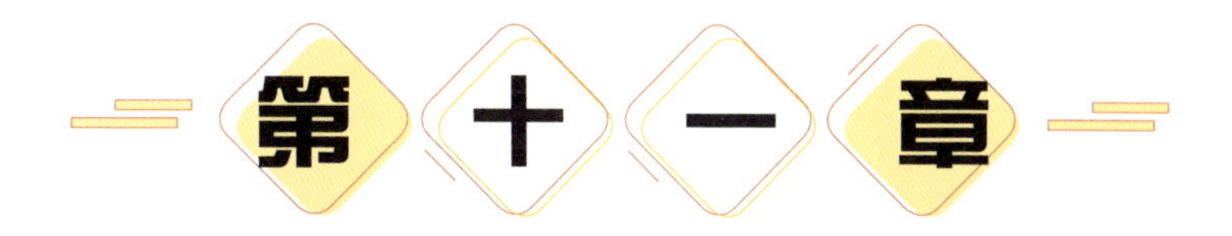

第十一章

科学导师、湖北大学资源环境学院副教授庞静解读

——自然教育是如何在梦想农场落地生根的

自然教育的目的，在于在自然中沉浸、参与和体验式学习关于自然的事物、现象及过程的知识，认识自然、了解自然运作规律，掌握相应技能；形成有利于人与自然和谐发展的情感、态度和价值观及良好的地方感，并最终导向亲环境行为的产生。

作为科学导师，湖北大学资源环境学院副教授庞静全程参与了由武汉市园林和林业局、武汉市教育局等单位组织的“梦想农场”第二期活动。

回首这一年的耕读岁月，庞静欣喜地看到学员们成长起来了，教学案例设计更合理了，校园中的小小农场一个个建起来了……自然教育课，在江城中小学校园的“梦想农场”落地生根。

培育期：抓住制约自然教育的痛点

我国自然教育行业在2010—2012年间开始进入快速发展期，呈现显著的民间发起、民间繁荣的特点，自然教育活动主要依赖从业机构组织开展。并且，鉴于我国还没有一所高校开设与环境教育或自然教育直接相关的本科专业，也未建立引导和鼓励社会力量参与科普资源设施共建共享的机制体制，人才问题是当前制约自然教育发展的主要因素。庞静认为，大部分机构从业人员并没有专业基础和背景，自然教育活动方案设计力量薄弱，活动内容多重复或雷同，而且多停留于情感和认知层面；对在地范畴的本土自然及人文关怀的关注不够，与学科学习关联性不强，缺乏清晰的三维目标，也缺乏对方案实施过程及效果的评估。自然教育从业者只有加强学习成长，增强自然教育活动方案的规划和课程体系研发能力，自然教育才能真正具有生命之源，健康可持续地发展。

基于此，“梦想农场”第二期培训以幼儿园、小学、中学中有结合自然教育进行教学实践意愿的教师为对象，以沙湖公园梦想农场为基地，针对性开展种植主题自然教育活动所必须掌握的种植相关的知识、技能，以及自然教育活动设计与实施，从理论到实践开展系列课程培训。

以案例分析法和小组合作相结合的教学方法组织教学活动，并以任务的方式层层推进，最终达到使学习者在基本掌握生态种植的方法、明确自然教育的基本理念的基础上，结合自己的环境条与条件，独立设计和开展生态种植主题自然教育活动的目的。

此外，此次培训基于“多样性”，即从创造力考虑，选拔出专业背景、从事教学的学科和学龄段跨度较大的13位幼儿园、中小学老师作为正式学员，在教学过程中注重学员之间的讨论和合作，以期达到学员间互相学习，更好地理解和践行多学科融合的自然教育的目的。

生长期：田间弹出“三步曲”

培训计划出台后，接下来就进入实施环节。庞静老师将整个实施环节分为三个阶段。

第一阶段，是种植园规划及种植技能培训，内容包括种植园规划、整理土地、播种、间苗、有机物料堆肥等，以原理讲解结合实操的方法进行，“边做边学，做中学”。这部分内容直观、具体，易于理解，而且有趣、有益，大家参与的热情都比较高。

第二阶段，是通过大家根据导师的提示问题，对四个中外经典自然教育教材中的优秀案例进行讨论和剖析，明确自然教育活动的目的、内容及设计、评价的方法，再与自己初步设计的案例进行对比，体会各自的不足，反思改善学习的方向。这个阶段是承上启下的一个阶段，是学员学习如何进行自然教育活动设计的理论基础奠基阶段，会直接影响他们的实践，因此在本次培训中占据了最重的分量。

第三阶段，是让学员以与第二环节中自行设计的自然教育活动方案的相同主题，结合所学理论进行重新设计，再对这些方案进行评价、筛选，选出不同年龄段的优秀案例，以小组为单位进行实践，最后进一步对实施案例复盘分析，使学员明白活动方案从设计到实施之间需要注意的问题，以及调整和改善方案的原则和方法。这个阶段的主要目的是使学员们学以致用，以运用验证所学，并在对这个过程的回顾和反思中辨明如何基于自身实际条件和资源，设计、实施、评价一个目标明确，适于对象，内容既科学、有趣，又能有效达到目的的自然教育活动。这个环节因为是在理论知识基础上的迁移和应用，具有综合性强、难度大的特点。

收获期：总结中找到“改善因子”

一年的学中做，做中学，终于迎来了收获期。

克服种种障碍，欣喜地看到学员完成了全部学习任务，像幼儿园组中新桥幼儿园的黎心怡老师（自然名辛夷）和紫都幼儿园的杨佳慧老师（自然名桔梗）；小学组中汉口回民小学的张瑶老师（自然名绿萝）、汉口鄱阳街小学的张茜老师（自然名眼镜蛇）、湖北大学附属小学的徐老师（自然名无花果）和育才行知小学的唐江老师（自然名猕猴桃）；高中组中武汉十四中的周莹老师（自然名红豆）等。

新桥幼儿园、紫都幼儿园、汉口回民小学、育才行知小学、武汉十四中已经建起了种植园区，其中，新桥幼儿园、汉口回民小学、育才行知小学的种植园区有一定的规模，也逐步开始进行多班级、多人次的自然教育活动。鄱阳街小学的种植园也已经完成了由学生参与的规划阶段，进入建设阶段。

在庞静看来，学员坚持完成所有环节的学习，基本达到教学目的，具备了基于各自的实际条件自主设计自然教育活动的能力。但还是有一些遗憾，从教的角度看，因为案例分析任务对当前的学员有一定难度，今后需要在这个环节前给予基本知识的讲解和铺垫，并以更加清晰具体的问题引导和推动学员思考；对于表现出学习困难的学员要进行分别指导、推进，尽量不使人掉队。另外，小组网络学习和合作未能达到对所有学员有效，还需要对这个环节的具体细节和实施方法进行改善。

附：科学导师点评

湖北大学附属小学徐桂凤老师

庞静点评

作为一名数学老师，结业实践很好地体现了“如何将自然教育活动融入自己的日常教学，达到双赢的目的”。自然教育可以很好地将生活当中的体验、经验带入专业学习领域，尤其是一些较为抽象的学科，比如数学，如果能体现数学的工具性，用数学的语言对来自自然、来自生活的现象进行描述，不仅可以使孩子了解更多学科的知识，也可以提高他们对数学的兴趣以及对数学知识迁移运用以解决实际问题的能力。这些对于培养孩子的综合能力无疑有很大的价值。这也是近些年来越来越多不同学科的老师在自己日常教学中引入自然教育内容，以及自然教育本身表现出多学科融合趋势的原因。

鄱阳街小学陈茜老师

庞静点评

善于保障学生的参与性和提高学生的主动性。指明大方向，然后引领学生对其细化、分解为非常具体的小题目，以学生为主力进行探索，教师则随时提供物质和技能的支持，最后对学生的结果进行收拢，将多个方向的结果进行综合和提升，使学生不仅能看到自身努力的成果，还能领略这些成果组合而成的全面、系统、更高视角的结果，对于培养学生的综合素质，达成情感态度价值观的目标非常有效。

汉口回民小学张瑶老师

庞静点评

活动设计最令人印象深刻的是“目标明确，思路清晰”。她的设计中，三维目标非常有针对性而且具体，所有活动内容、环节设置均与某些目标呼应，最后的活动效果评估也紧紧围绕目标，没有拖沓和冗余，清晰明确。针对活动对象设定明确、恰当的知识，技能，过程，方法，情感，态度和价值观，是一个活动成功与否的关键。目标明确，有利于设计者选择合适的教学方法，也有利于最终进行效果评价时不至于偏了方向。

新桥幼儿园黎新怡老师

庞静点评

善于从孩子在种植园发现的问题中确定主题，结合孩子的心理发育特点和培养目标确定具体的活动教学目标，再据此进行恰当的科学内容的融合。活动内容的体验性、科学性和趣味性相得益彰，环节间逻辑性好，情感、价值观的升华自然，因此深受孩子们的喜欢。

活动设计充分体现了“把主导性交给孩子，即由孩子提议，教师进行支持和推动”是有效保障孩子参与有效性的方法。

紫都幼儿园杨佳惠老师

庞静点评

很善于把握一个主题，围绕一个主轴进行多方向的延伸，融合多学科内容，开发成一系列活动。

武汉十四中周莹老师和朱滔老师

庞静点评

共同带领学生社团开辟了种植园区，开展了蔬菜种植的系列活动。活动设计成系列，内容围绕种植园的功能区划分，植物种植、养护等，以植物生长为时间线，简洁、朴素，有很好的体验性，还吸引了非社团的一些老师们参与，形成了较好的氛围和影响。他们的实践再次验证了自然教育系列活动的效果好于单次活动的叠加。

武汉市育才行知小学唐江老师

庞静点评

充分体现了人文关怀的特征。在她的自然教育活动设计里，有真正地对自然，对非人类物种的平视和尊重。科学与人文的分裂对立已经成为当今时代不可忽视的一大严重问题，在这种背景下，引导学生对自然进行科学探究时兼顾人文理念的渗透，无疑对于培养身心积极、健康的学生有良好意义。

附

录

图

鉴

鸢尾

Iris spp. Linnaeus

鸢尾一般指鸢尾属植物。根状茎明显，根绳索状，不为纺锤形；花被管明显；外花被裂片倒卵形，基部逐渐过渡成狭窄的爪，中脉上无附属物，少数种生有单细胞的纤毛；蒴果大多无喙；种子梨形、半圆形或圆形，有时压扁，通常无翼或沿边缘有狭窄的翼状突起。

【分布区域】全世界约300种，分布于北温带；中国约产60种13变种及5变型，主要分布于西南、西北及东北。

【生长习性】要求适度湿润，排水良好，富含腐殖质、略带碱性的黏性土壤；生于沼泽土壤或浅水层中；喜阳光充足，气候凉爽，耐寒力强，亦耐半阴环境。

藜

Chenopodium album Linnaeus

又名藜，别名灰条菜、灰蓼头草、灰藿等。叶片菱状卵形至宽披针形，长3～6厘米，宽2.5～5厘米，先端急尖或微钝，基部楔形至宽楔形，上面通常无粉，有时嫩叶的上面有紫红色粉，下面多少有粉，边缘具不整齐锯齿；叶柄与叶片近等长，或为叶片长度的1/2；花两性，花簇于枝上部排列成或大或小的穗状圆锥状或圆锥状花序；果皮与种子贴生；种子横生，双凸镜状，直径1.2～1.5毫米，边缘钝，黑色，有光泽，表面具浅沟纹；胚环形。花果期5～10月。

【分布区域】分布遍及全球温带及热带；我国各地均产。

【生长习性】主要生长于路旁、荒地及田间，为很难除掉的杂草。

叶片边缘不等齐锯齿

蒜

Allium sativum Linnaeus

又名大蒜、蒜头等，英文名称garlic。石蒜科（Amaryllidaceae）葱属（Allium）植物的地下鳞茎。弦线状浅根性根系，无主根，主要根群分布在5~25厘米内的土层中，横展直径为30厘米；叶包括叶身和叶鞘，叶鞘呈管状，在茎盘上环状着生；花薹由花轴和总苞两部分组成，总苞中着生花和气生鳞茎；鳞芽由两层鳞片和一个幼芽组成的，着生在短缩茎上，大瓣品种多集中于靠近蒜薹的1~2片叶腋间，一般每个叶腋发生2~3个鳞芽，中间为主芽，两旁为副芽，主、副芽均可肥大形成产品器官鳞茎，小瓣品种主要在1~4个叶腋形成鳞芽，每一叶腋形成3~5个鳞芽，形成的蒜瓣数多且个体较小，外层鳞芽大于内层鳞芽。

总苞

【分布区域】原产于亚洲西部高原，今主产地是我国河南、山东、江苏等省。

樱桃萝卜

Raphanus sativus Linnaeus var. radculus pers

十字花科（Brassicaceae）萝卜属（Raphanus），一二年生草本。肉质根圆形，直径2~3厘米，单株重15~20克；根皮红色，瓤肉白色；花为复总状花序，完全花，花萼、花冠呈十字形；长角果，内含种子3~8粒；种子为不规则的圆球形，种皮呈黄色至暗褐色。

【分布区域】国内的栽培品种大多从日本、德国等国引进，我国栽培的樱桃萝卜以扬州水萝卜较著名。

【生长习性】对环境条件的要求不严格，适应性很强。对土壤条件要求不严格。喜保水和排水良好、疏松通气的沙质壤土。

凌霄

Campsis grandiflora (Thunberg) Schumann

管钟状漏斗形花冠

紫葳科（Bignoniaceae）凌霄属（Campsis）攀援藤本植物。奇数羽状复叶，对生，卵形至卵状披针形，边缘具粗锯齿；顶生疏散的圆锥花序，花大，花冠管钟状漏斗形，外面橙黄色，内面鲜红色，花冠裂片半圆形；蒴果，顶端钝。花期6～8月。

【分布区域】日本、越南、印度、西巴基斯坦均有栽培；在我国，分布于华东、中南及西南、华北等地。

【生长习性】喜温暖及湿润环境，喜光照，较耐阴。具有一定的耐寒性。对土壤要求不高，以肥沃、排水良好的微酸性土壤为佳。

无花果

Ficus carica Linnaeus

桑科（Moraceae）榕属（Ficus）植物，落叶灌木。枝粗壮；叶互生，后膜质，广卵形近圆，基部心形或截形，锯齿粗钝或波状缺刻；花单性；隐花果梨形，黄绿色，熟后黑紫色，味甜有香气。一年内多次开花结果。

【分布区域】原产地中海沿岸，分布于土耳其至阿富汗；中国唐代即从波斯传入，南北方均有栽培，新疆南部尤多。

【生长习性】喜温暖、干燥以及光线充足的环境，耐干旱、耐贫瘠、不耐寒。对土壤适应性强，一般条件即可生长良好。

薄荷

Mentha canadensis Linnaeus

唇形科（Lamiaceae）薄荷属（*Mentha*）植物，多年生草本植物，株高30~60厘米，根状茎细长，有节，节上生须根；地上茎基部四棱形；叶对生，椭圆形或披针形，叶缘有锯齿；轮伞状花序，花小细密，花冠淡红色或淡紫色，唇形；小坚果长圆形，褐色。花期6~10月，果期9~11月。

叶缘有锯齿

【分布区域】广泛分布于北半球的温带地区，热带亚洲、俄罗斯远东地区、朝鲜、日本及北美洲（南达墨西哥）也有；中国各地多有栽培，其中，江苏、安徽为传统地道产区，但栽培面积日益减少。

叶对生

【生长习性】喜温暖及光照充足的环境，耐寒，不耐暑热，喜温暖。不择土壤，以疏松、肥沃、排水良好的沙质土壤为佳。

迷迭香

Rosmarinus officinalis Linnaeus

唇形科（Lamiaceae）迷迭香属（*Rosarinus*）灌木植物。高可达2米；茎及老枝圆柱形，皮层暗灰色，不规则纵裂，块状剥落，幼枝四棱形，密被白色星状细绒毛。叶常在枝上丛生，具极短的柄或无柄，叶片线形，长1~2.5厘米，宽1~2毫米，先端钝，基部渐狭，全缘，向背面卷曲，革质，上面稍具光泽，近无毛，下面密被白色的星状绒毛；花近无梗，对生，少数聚集在短枝的顶端组成总状花序；苞片小，具柄；花萼卵状钟形，长约4毫米，外面密被白色星状绒毛及腺体，内面无毛，11脉，二唇形，上唇近圆形，全缘或具很短的3齿，下唇2齿，齿卵圆状三角形；花冠蓝紫色，长不及1厘米，外被疏短柔毛，内面无毛，冠筒稍外伸，冠檐二唇形，上唇直伸，2浅裂，裂片卵圆形，下唇宽大，3裂，中裂片最大，内凹，下倾，边缘为齿状，基部缢缩成柄，侧裂片长圆形。

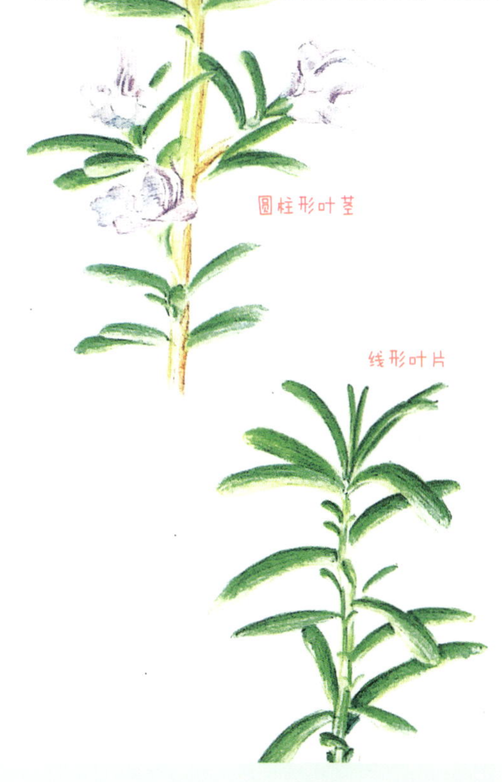

【分布区域】原产欧洲及北非地中海沿岸，在欧洲南部主要作为经济作物栽培。中国曾在曹魏时期引种，现主要在中国南方大部分地区与山东地区栽种。

【生长习性】喜温暖气候，排水良好的沙质土壤有利于生长发育。

柠檬草

Cymbopogon citratus (Candolle Stapf)

又名香茅草，包茅。禾本科（Poaceae）香茅属（*Cymbopogon*）多年生草本。秆较细弱，丛生，直立，近无毛，节部膨大；叶鞘无毛，基部者多破裂，上部者短于节间；叶舌钝圆，膜质，先端多不规则破裂；叶片狭线形；两面近无毛，具白粉。

【分布区域】广泛种植于热带地区，西印度群岛与非洲东部也有栽培。分布于我国云南省南部、陕西、甘肃、河南、江西南部及西南地区。

【生长习性】性喜温暖、多湿之全日照环境与排水良好的沙土地生长，以排水良好的坡地为佳。

乌桕

Triadica sebifera (Linnaeus) Small

大戟科（Euphorbiaceae）乌桕属（*Triadica*）落叶乔木。高可达15米许，各部均无毛而具乳状汁液；树皮暗灰色，有纵裂纹；枝广展，具皮孔；叶互生，纸质，叶片菱形、菱状卵形或稀有菱状倒卵形，长3～8厘米，宽3～9厘米，顶端骤然紧缩具长短不等的尖头，基部阔楔形或钝，全缘；花单性，雌雄同株，聚集成顶生、长6～12厘米的总状花序，雌花通常生于花序轴最下部或罕有在雌花下部亦有少数雄花着生，雄花生于花序轴上部或有时整个花序全为雄花；蒴果梨状球形，成熟时黑色，具3种子，分果爿脱落后而中轴宿存；种子扁球形，黑色，长约8毫米，宽6～7毫米，外被白色、蜡质的假种皮。花期4～8月。

【分布区域】分布于日本、越南、印度；此外，欧洲、美洲和非洲亦有栽培；在我国，分布于黄河以南各省份，北达陕西、甘肃。

【生长习性】喜温暖环境，不甚耐寒。适生于深厚肥沃、含水丰富的土壤，对酸性、钙质土、盐碱土均能适应。主根发达，抗风力强，耐水湿。寿命较长。年平均温度15摄氏度以上，年降雨量750毫米以上的地区都可生长。对土壤适应性较强，沿河两岸冲积土、平原水稻土，低山丘陵黏质红壤、山地红黄壤都能生长，以深厚、湿润、肥沃的冲积土生长最好。

操场一角的百草园，几只小鸟扑楞着翅膀，一边说着悄悄话，一边侧耳偷听着教室里的朗朗读书声……

历经春夏秋冬，武汉自然教育的品牌项目“梦想农场（2.0版）——把大自然搬进课堂”，终于到了颗粒归仓的时候了。

散布武汉三镇，来自中学、小学乃至幼儿园的教师学员一步一登高，推开了一扇自然之门，通往一个更广阔的世界。

在阶梯上，助力的有湖北大学附属小学、江汉区振兴路小学、汉口回民小学、武汉市育才行知小学、武汉市第十四中学等十余所学校的负责人，或巧用楼顶、露台，或在操场边、教室外见缝插针，开辟出一块块梦想田地，感谢你们给孩子提供了一个想象的支点；

在阶梯上，助力的有陈茜、杨佳惠、张瑶、王慧、黎新怡、宫书惠等带队老师，感谢你们设计每一个互动活动，记录每一个精彩瞬间，收集每一个成长故事，整理每一段研学感悟；

在阶梯上，助力的有湖北大学资源环境学院副教授庞静，感谢您作为科学导师，为活动及教师学员提供最专业的指导与评点。

庄子说：“天地有大美而不言。”走进自然，才能看见更美丽的世界。

收获的时刻，忘不了那一张张阳光灿烂、充满求知欲的笑脸。从制作ppt，到深入田间地头；从荷锄耕作，到用电脑分析……是你们，和草木为友，和土壤为伴，在一次次与自然的对话中，领悟人与自然的关系，体会生命的美与神奇，培养好奇心，获得滋养身心、环境友好的生活方式。

自然教育，是真正面向未来的教育。从2018年武汉市教育局、武汉市园林和林业局联合举办“中小学生自然生态研学暨公园大课堂第二届自然笔记评选活动”开始，武汉就一直在探索城市自然教育的可持续模式，大自然的绿色课本也一路在校园播撒梦想的种子。

英国作家萨克雷说过：“播种行为，可以收获习惯；播种习惯，可以收获性格；播种性格，可以收获命运。”

这本书中，我们以学、行、研为构架，记载了一个个校园农场的成长，记载了一个个坚持的梦想。我们相信，以书为桥，自然教育的种子在未来一定会越播越远，回到自然的孩子一定会越来越多。

收获的时刻，还要感谢潘世家先生为本书绘制的精美图鉴，感谢摄影师杨锡晨以及参与梦想农场项目的学校用影像为孩子们留下珍贵的记忆，感谢武汉市沙湖公园管理处提供场地支持和大量帮助……

感谢，帮助孩子回到自然的每一位。

感谢，帮助此书顺利出版的每一位。

编著者

2021年11月26日